太空中的爆笑生活

太阳系、航天员和星际旅行的一天

[英] 迈克·巴菲尔德 著
[英] 杰丝·布拉德利 绘
梁爽 译　李海宁 审校

中信出版集团 | 北京

A Day in the Life of an Astronaut, Mars and the Distant Stars
First published in Great Britain in 2023 by Buster Books, an imprint of Michael O' Mara Books Limited

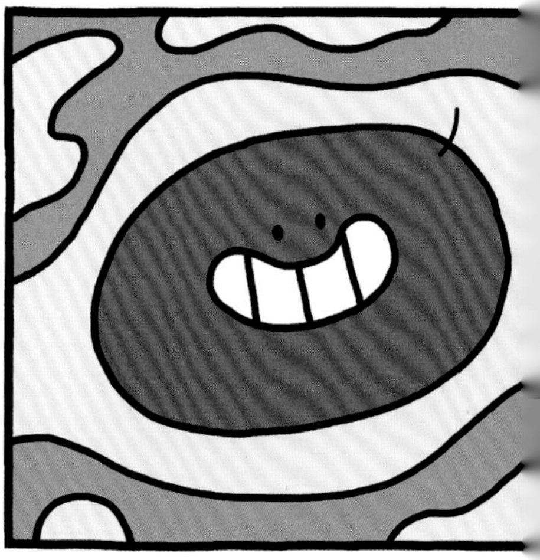

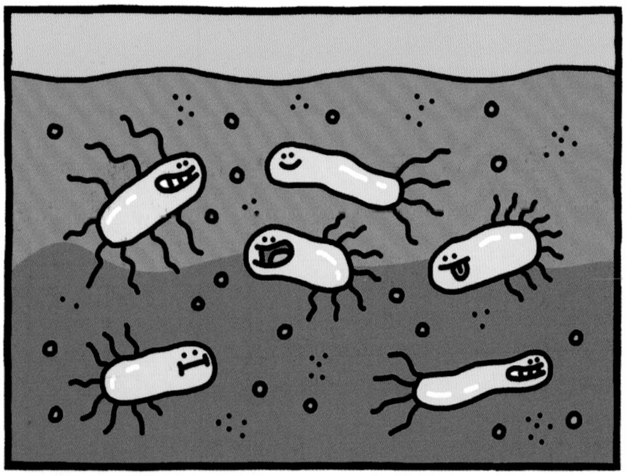

图书在版编目（CIP）数据

太空中的爆笑生活：太阳系、航天员和星际旅行的一天 /（英）迈克·巴菲尔德著；（英）杰丝·布拉德利绘；梁爽译. -- 北京：中信出版社，2024.2(2024.7重印)
书名原文：A Day in the Life of an Astronaut, Mars and the Distant Stars
ISBN 978-7-5217-5821-4

Ⅰ. ①太… Ⅱ. ①迈… ②杰… ③梁… Ⅲ. ①宇宙－少儿读物 Ⅳ. ① P159-49

中国国家版本馆 CIP 数据核字 (2023) 第 112435 号

太空中的爆笑生活：太阳系、航天员和星际旅行的一天

著　　者：［英］迈克·巴菲尔德
绘　　者：［英］杰丝·布拉德利
译　　者：梁爽
审　　校：李海宁
出版发行：中信出版集团股份有限公司
（北京市朝阳区东三环北路27号嘉铭中心　邮编　100020）
承 印 者：北京尚唐印刷包装有限公司

开　　本：889mm×1194mm　1/16　　印　　张：8　　字　　数：200千字
版　　次：2024年2月第1版　　印　　次：2024年7月第2次印刷
京权图字：01-2022-2924　　审 图 号：GS京（2023）1489号
书　　号：ISBN 978-7-5217-5821-4　　（本书插图系原书插图）
定　　价：78.00元

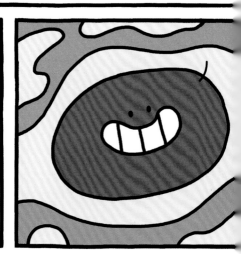

献给杰基和爱丽丝，你们是我生命中最亮的星。

——迈克·巴菲尔德

献给雅各布。要是黑洞吞噬了我们家，那就太糟糕了。

——杰丝·布拉德利

目录

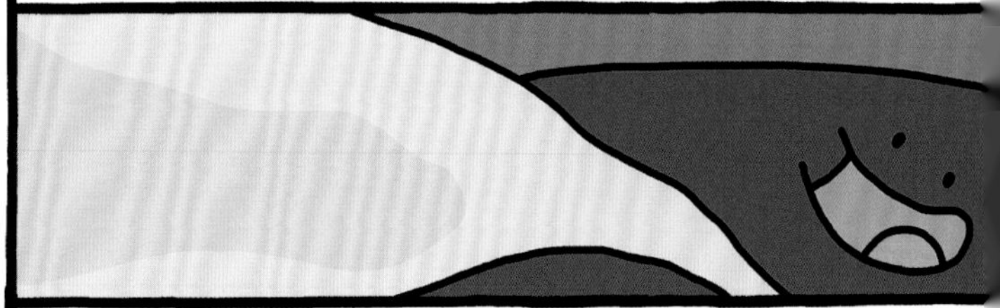

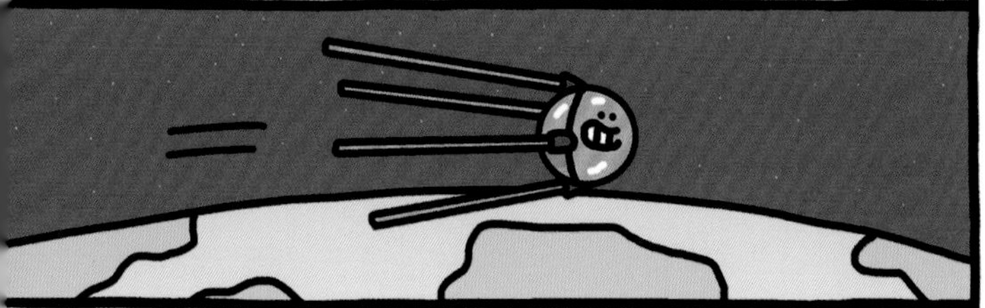

引言

欢迎你翻开《太空中的爆笑生活：太阳系、航天员和星际旅行的一天》，走入一个精彩的世界。本书诙谐幽默、妙趣横生，既能逗得你开怀大笑，又能带你畅游妙不可言的太空！

本书共分为三个部分：太阳系、太空和太空旅行。我们都知道，太空是神秘莫测的，而本书也像太空一样奥妙无穷。你可以随意在本书任何部分“登陆”，尽情探索书中的奥秘。

在书中，你不仅可以欣赏精美的漫画，直观地了解宇宙奇观，还能在“拓展知识”栏目深入探索。除此之外，你还能读到“秘密日记”，倾听万物悄悄吐露宇宙的秘密。宇宙如此浩瀚无边，神奇的故事层出不穷，本书特地为你提供大开页“拓展知识”，让你全方位地了解精彩纷呈的太空世界。

在本书的末尾，还有一个词语表。你在太空旅行中听到奇怪的词语时，都不妨翻翻它，或许能从中找到你需要的答案！

好了，我们该出发探索太空啦！赶紧行动起来吧！

友情提示：本书中，天体的大小和距离并未按照实际比例绘制。

太阳系

难怪你会以为离我们最近的恒星太阳是宇宙中“众星捧月”的存在。没错，在地球所在的太阳系里，所有天体都是绕着太阳旋转的！从小个头水星到大块头木星，再到人类的家园地球，太阳系中的八大行星都唯太阳“马首是瞻”，一刻不停地围绕着它旋转。

本书这一部分将会隆重介绍太阳系的八大行星，还会讲一讲月球、陨星等各种天体的故事。

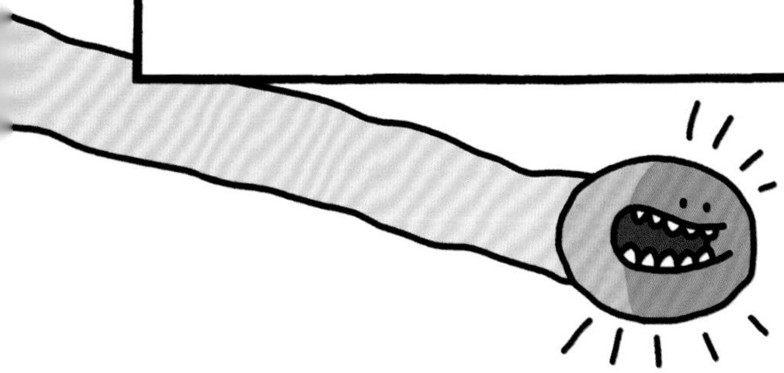

拓展知识

欢迎来到太阳系，这里是太空中目前已知最适合人类生存的地带。没错，目前，我们知道只有这里才有生命存在，仅此一地，别无二家！太阳系的中心是太阳，它是离我们最近的恒星，以强大的引力牵拉八颗行星和其他各种天体绕着它旋转。八大行星各行其道，太阳系内风云变幻，然而在长达46亿年的时间里，太阳系内比邻而居的各个天体始终与太阳形影不离，这真是太不可思议了。现在让我们来跟“邻居”们问声好吧！

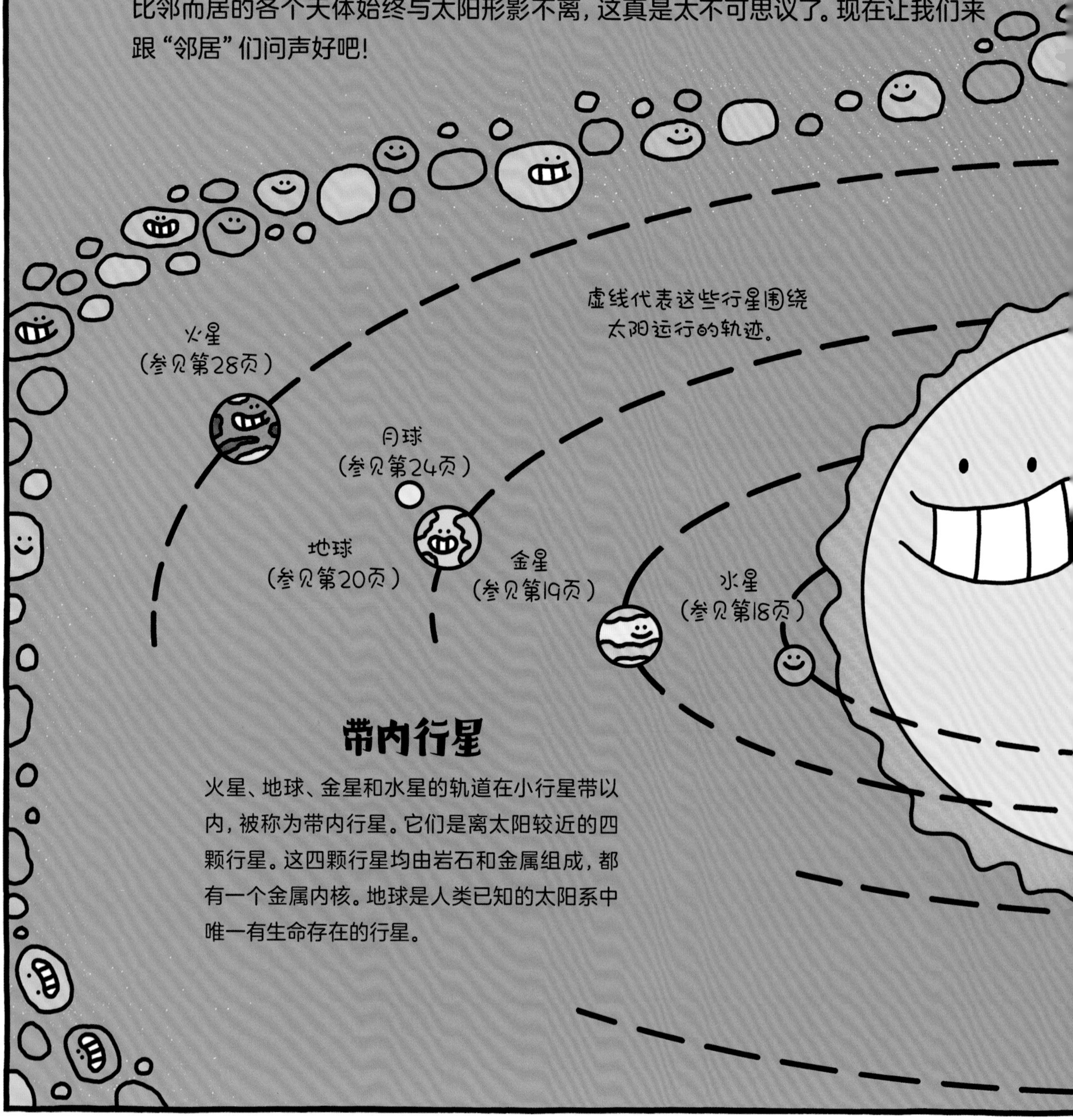

虚线代表这些行星围绕太阳运行的轨迹。
火星
（参见第28页）
月球
（参见第24页）
地球
（参见第20页）
金星
（参见第19页）
水星
（参见第18页）

带内行星

火星、地球、金星和水星的轨道在小行星带以内，被称为带内行星。它们是离太阳较近的四颗行星。这四颗行星均由岩石和金属组成，都有一个金属内核。地球是人类已知的太阳系中唯一有生命存在的行星。

认识一下“左邻右舍”吧！

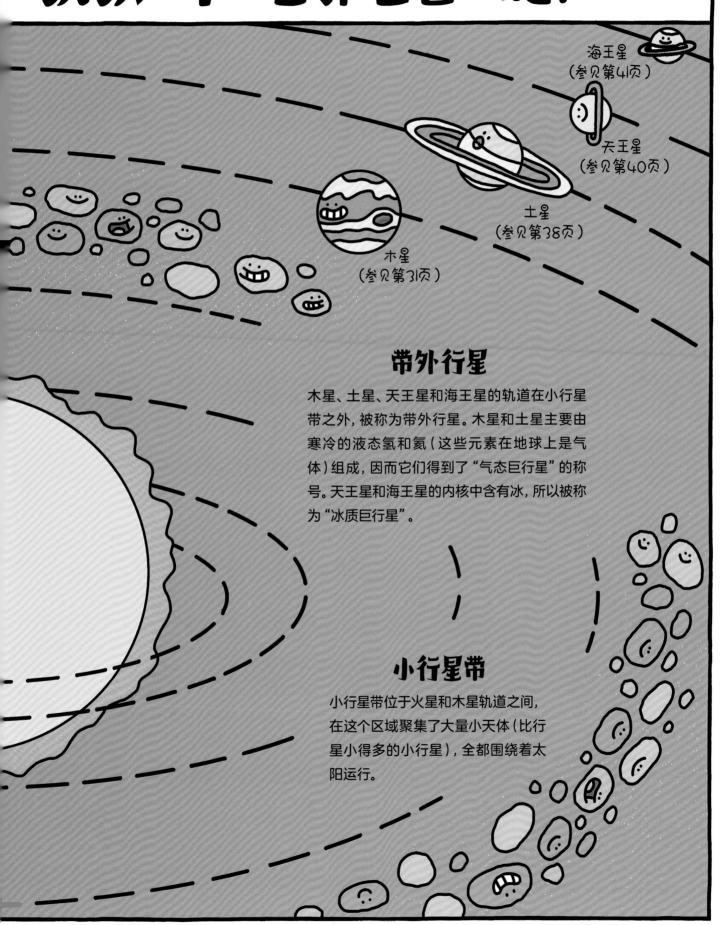

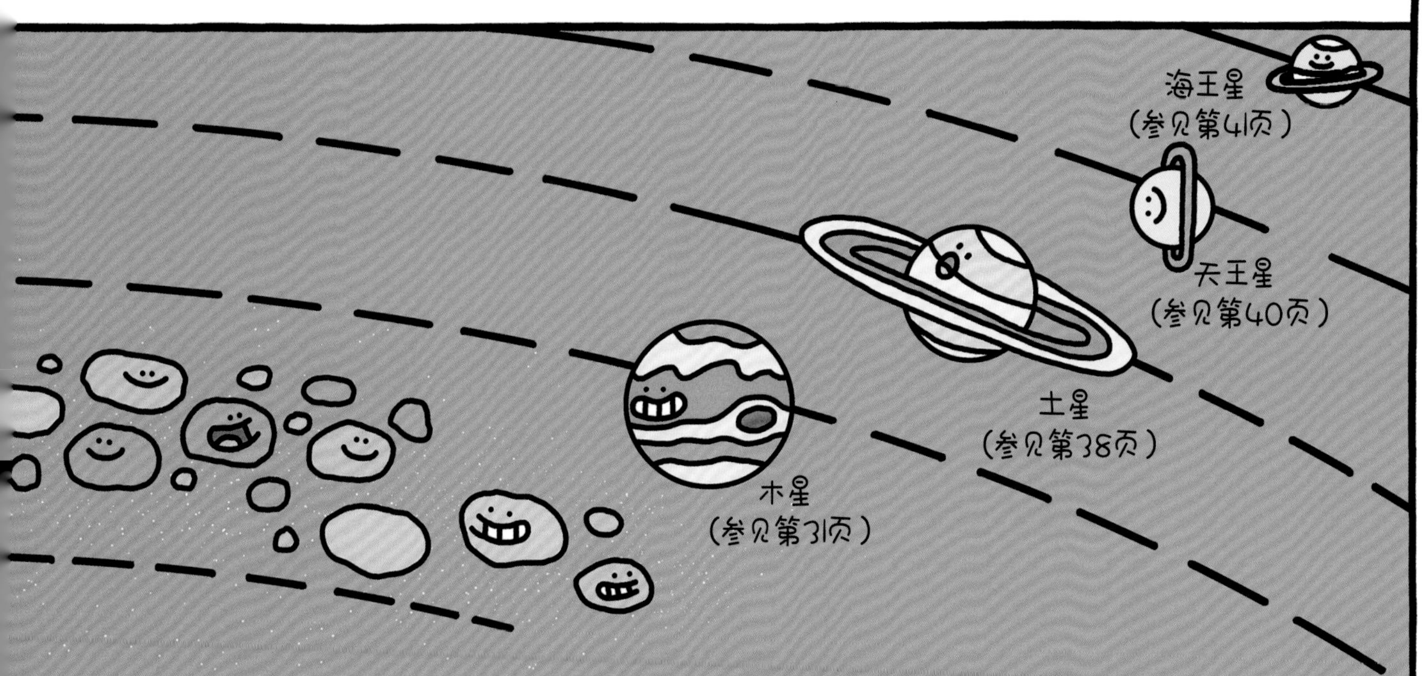
海王星
（参见第41页）
天王星
（参见第40页）
土星
（参见第38页）
木星
（参见第31页）

带外行星

木星、土星、天王星和海王星的轨道在小行星带之外，被称为带外行星。木星和土星主要由寒冷的液态氢和氦（这些元素在地球上是气体）组成，因而它们得到了“气态巨行星”的称号。天王星和海王星的内核中含有冰，所以被称为“冰质巨行星”。

小行星带

小行星带位于火星和木星轨道之间，在这个区域聚集了大量小天体（比行星小得多的小行星），全都围绕着太阳运行。

奇妙万物的一天 太空

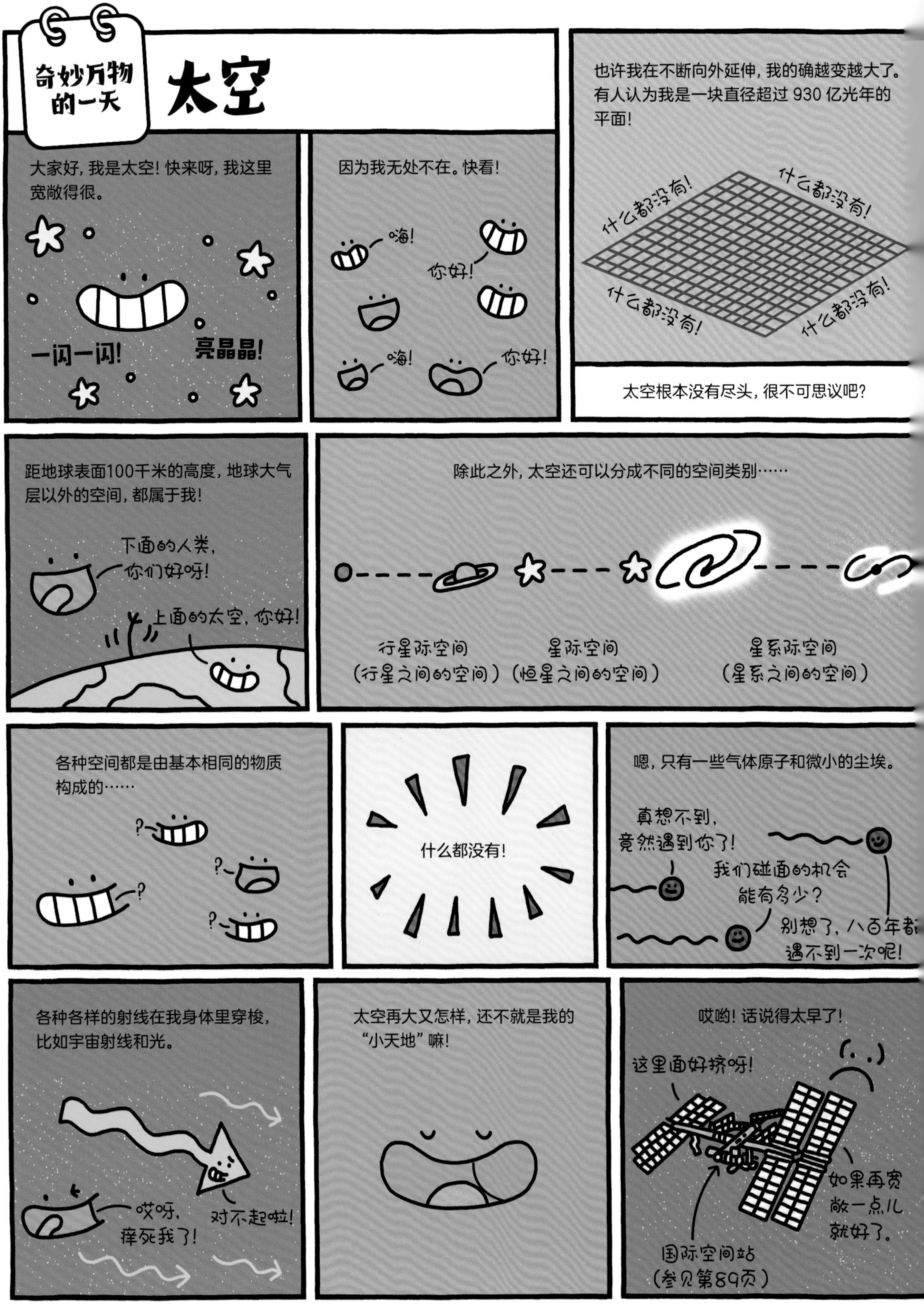

奇妙万物的一天
太空
大家好，我是太空！快来呀，我这里宽敞得很。
一闪一闪！
亮晶晶！
因为我无处不在。快看！
嗨！
你好！
嗨！
你好！
也许我在不断向外延伸，我的确越变越大了。有人认为我是一块直径超过 930 亿光年的平面！
什么都没有！
什么都没有！
什么都没有！
什么都没有！
太空根本没有尽头，很不可思议吧？
距地球表面100千米的高度，地球大气层以外的空间，都属于我！
下面的人类，你们好呀！
上面的太空，你好！
除此之外，太空还可以分成不同的空间类别……
行星际空间（行星之间的空间）
星际空间（恒星之间的空间）
星系际空间（星系之间的空间）
各种空间都是由基本相同的物质构成的……
?
?
?
?
什么都没有！
嗯，只有一些气体原子和微小的尘埃。
真想不到，竟然遇到你了！
我们碰面的机会能有多少？
别想了，八百年都遇不到一次呢！
各种各样的射线在我身体里穿梭，比如宇宙射线和光。
哎呀，痒死我了！
对不起啦！
太空再大又怎样，还不就是我的“小天地”嘛！
哎哟！话说得太早了！
这里面好挤呀！
如果再宽敞一点儿就好了。
国际空间站（参见第89页）

拓展知识

多么奇妙的大气层!

地球的大气层由气体和尘埃组成，是地球最外部的大气圈层（如下图所示）。高度越高，空气就会越稀薄（空气密度越小），所以我们需要向飞机机舱内注入空气，这样机上人员才能正常呼吸。

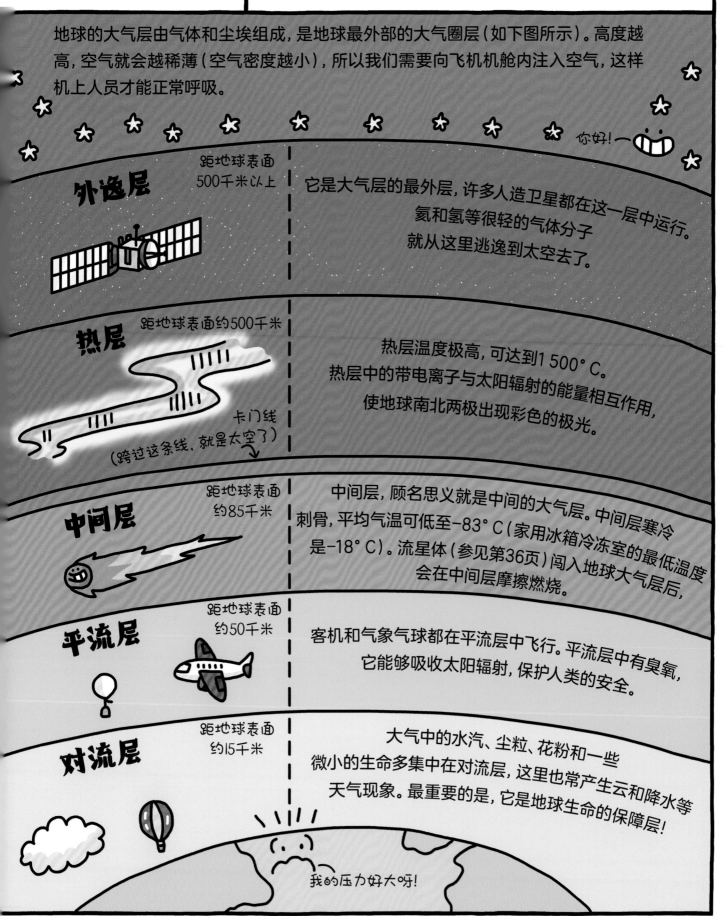

你好!

外逸层

距地球表面500千米以上

它是大气层的最外层，许多人造卫星都在这一层中运行。氦和氢等很轻的气体分子就从这里逃逸到太空去了。

热层

距地球表面约500千米

卡门线
（跨过这条线，就是太空了）

热层温度极高，可达到1 500° C。热层中的带电离子与太阳辐射的能量相互作用，使地球南北两极出现彩色的极光。

中间层

距地球表面约85千米

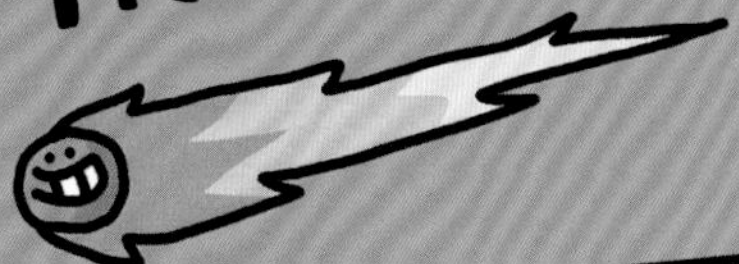

中间层，顾名思义就是中间的大气层。中间层寒冷刺骨，平均气温可低至-83° C（家用冰箱冷冻室的最低温度是-18° C）。流星体（参见第36页）闯入地球大气层后，会在中间层摩擦燃烧。

平流层

距地球表面约50千米

客机和气象气球都在平流层中飞行。平流层中有臭氧，它能够吸收太阳辐射，保护人类的安全。

对流层

距地球表面约15千米

大气中的水汽、尘粒、花粉和一些微小的生命多集中在对流层，这里也常产生云和降水等天气现象。最重要的是，它是地球生命的保障层!

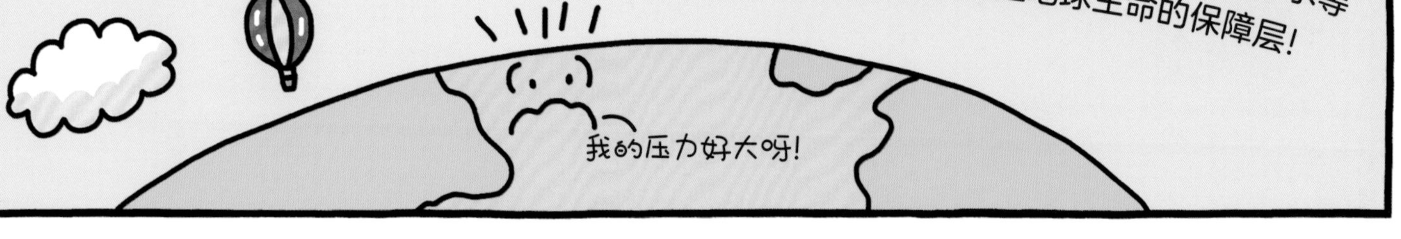

我的压力好大呀!

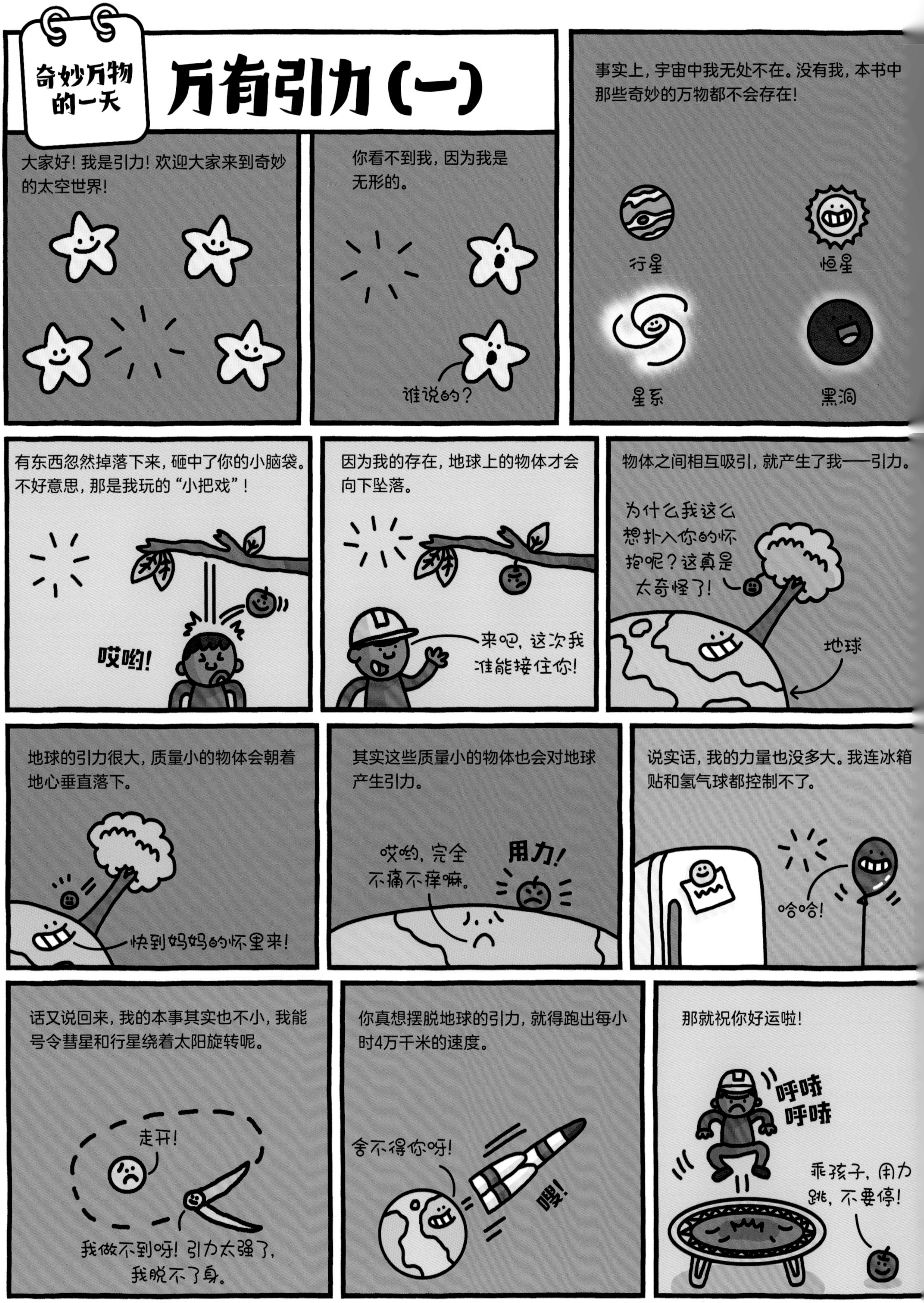
奇妙万物的一天
万有引力（一）
大家好！我是引力！欢迎大家来到奇妙的太空世界！
你看不到我，因为我是无形的。
谁说的？
事实上，宇宙中我无处不在。没有我，本书中那些奇妙的万物都不会存在！
行星
恒星
星系
黑洞
有东西忽然掉落下来，砸中了你的小脑袋。不好意思，那是我玩的“小把戏”！
哎哟！
因为我的存在，地球上的物体才会向下坠落。
来吧，这次我准能接住你！
物体之间相互吸引，就产生了我——引力。
为什么我这么想扑入你的怀抱呢？这真是太奇怪了！
地球
地球的引力很大，质量小的物体会朝着地心垂直落下。
快到妈妈的怀里来！
其实这些质量小的物体也会对地球产生引力。
哎哟，完全不痛不痒嘛。
用力！
说实话，我的力量也没多大。我连冰箱贴和氢气球都控制不了。
哈哈！
话又说回来，我的本事其实也不小，我能号令彗星和行星绕着太阳旋转呢。
走开！
我做不到呀！引力太强了，我脱不了身。
你真想摆脱地球的引力，就得跑出每小时4万千米的速度。
舍不得你呀！
嗖！
那就祝你好运啦！
呼哧呼哧
乖孩子，用力跳，不要停！

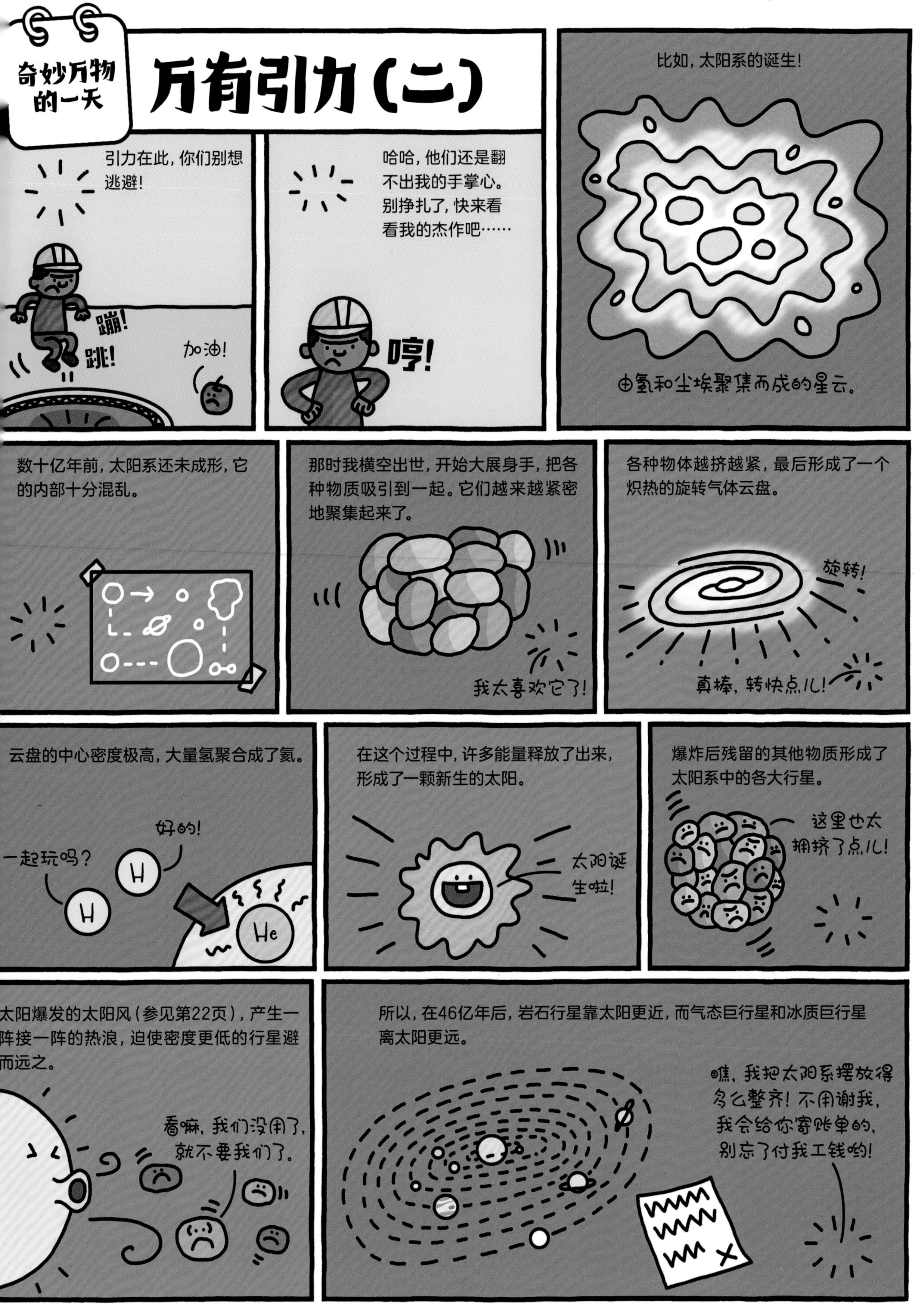
奇妙万物的一天
万有引力（二）
引力在此，你们别想逃避！
蹦！
跳！
加油！
哈哈，他们还是翻不出我的手掌心。别挣扎了，快来看看我的杰作吧……
哼！
比如，太阳系的诞生！
由氢和尘埃聚集而成的星云。
数十亿年前，太阳系还未成形，它的内部十分混乱。
那时我横空出世，开始大展身手，把各种物质吸引到一起。它们越来越紧密地聚集起来了。
我太喜欢它了！
各种物体越挤越紧，最后形成了一个炽热的旋转气体云盘。
旋转！
真棒，转快点儿！
云盘的中心密度极高，大量氢聚合成了氦。
一起玩吗？
好的！
H
H
He
在这个过程中，许多能量释放了出来，形成了一颗新生的太阳。
太阳诞生啦！
爆炸后残留的其他物质形成了太阳系中的各大行星。
这里也太拥挤了点儿！
太阳爆发的太阳风（参见第22页），产生一阵接一阵的热浪，迫使密度更低的行星避而远之。
看嘛，我们没用了，就不要我们了。
所以，在46亿年后，岩石行星靠太阳更近，而气态巨行星和冰质巨行星离太阳更远。
瞧，我把太阳系摆放得多么整齐！不用谢我，我会给你寄账单的，别忘了付我工钱哟！

拓展知识

太阳太厉害了！太阳的质量大约是2×10^{30}千克（即2后面加上30个0！），占太阳系总质量的99.86%。事实上，太阳内部可以轻而易举地容纳100万个地球。太阳为地球提供能量，地球才能孕育生命。接下来你还会发现，太阳实际上是一个巨大的核反应堆，它在太空中不停地旋转。关于这颗离地球最近的恒星，有一些你不可不知的奇妙事实。

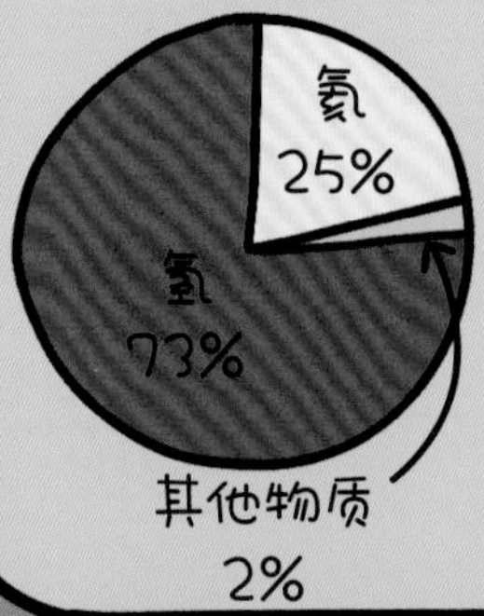

氦
25%
氢
73%
其他物质
2%

太阳的构成

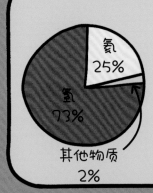

虽然太阳的质量很大
但它主要是由宇宙中
轻两种的元素构成的！

太阳核心

太阳核心是由氢等离子体组成的，它的温度极高，达到了1 500万摄氏度。极大的压力把这些氢核挤压在一起，聚变成氦核，并在此过程中释放出巨大的能量，这就是核聚变。

H（氢） + H（氢） → He（氦） + **能量！**

总有一天，太阳不再聚合氢核，氢氦聚变也会随之停止——大约等上50亿年，这一天就会到来（参见第52页）。

地球

辐射区

太阳释放的能量，要经过100万年才能穿越辐射区，逃逸到太阳之外。

太阳系中最闪亮的星

太阳黑子

太阳已有40多亿岁了，它的表面仍然遍布斑点。太阳黑子出现在光球上，它们的温度比光球平均温度低，因此与光球相比成为暗黑斑点。话虽如此，但它们的温度仍旧高达4 500℃！

光球

我们平时看到的明亮太阳，其实是太阳的表面层——光球。它因融合了不同的颜色而呈现出白色。

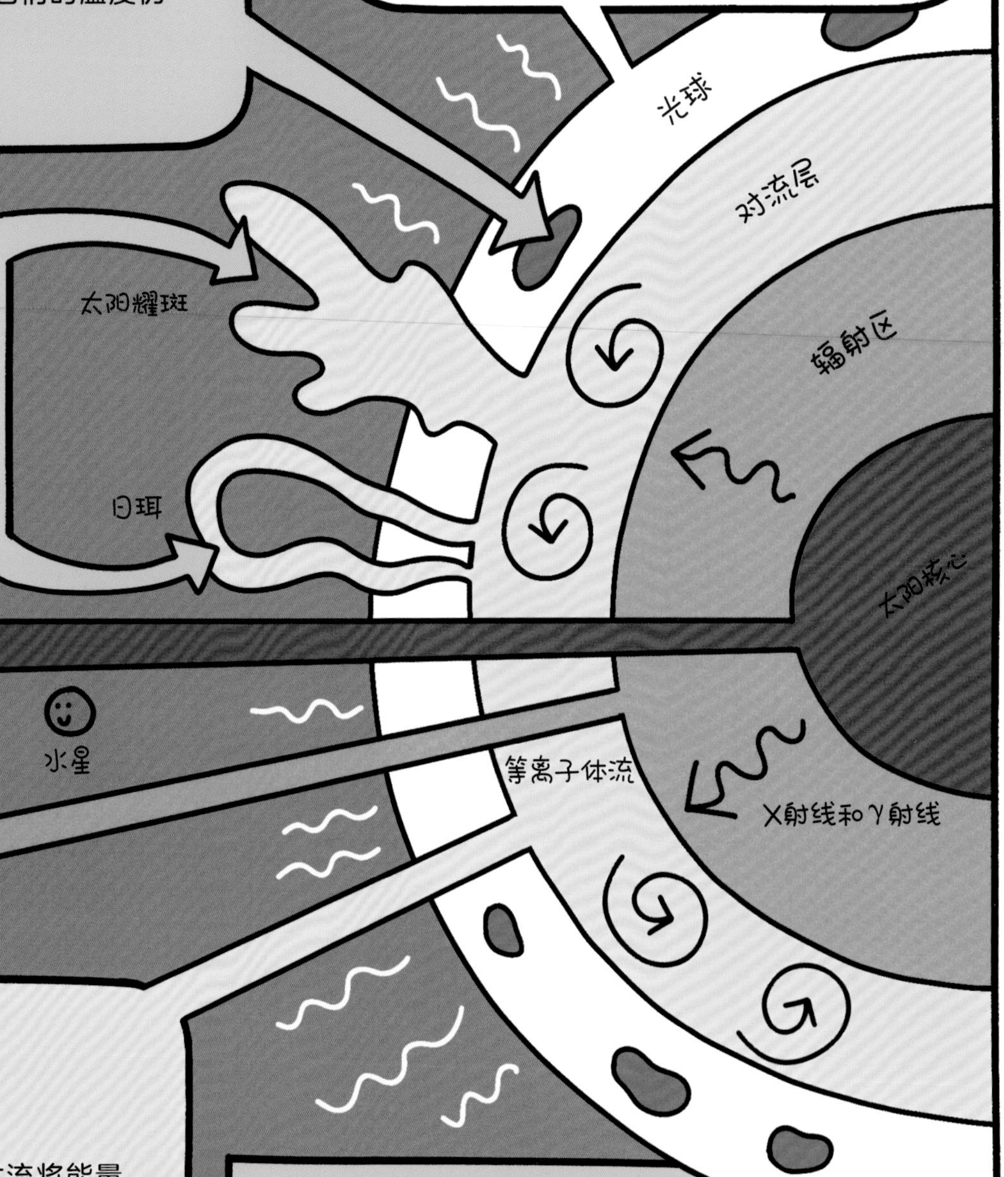

光球
对流层
太阳耀斑
辐射区
日珥
太阳核心
等离子体流
X射线和γ射线

能量爆发

有时，太阳喷射出炽热的等离子体流，在色球上进行强烈的太阳活动，比如太阳耀斑或日珥。

水星
金星

对流层

在对流层中，沸腾的等离子体流将能量传送到光球，从而形成光照和热量。

注意安全！

千万不要直视太阳——戴着墨镜也不可以哟！太阳发出的强烈的光线，可能会对眼睛造成永久损伤。

一缕阳光的秘密日记

以下选自“一缕阳光”的日记。

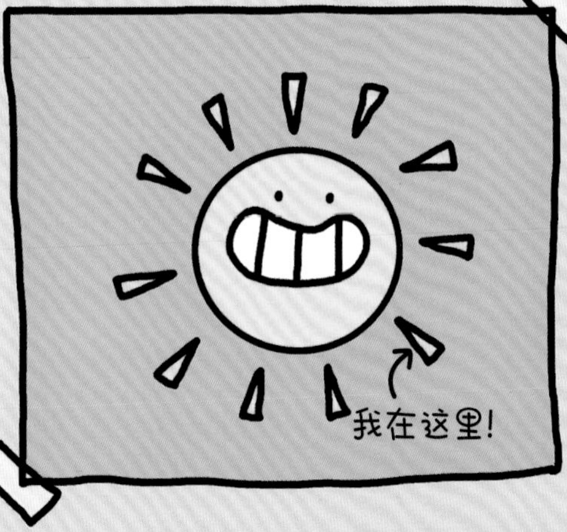
我在这里!

时间: 0.0001秒

呼!太阳的光球(就是你们人类肉眼可见的明亮圆盘)炽热无比。事实上，它的温度大约在5 500° C! 光球上形成了数十亿新光子，我就是其中的一个。这里真是太热了，我们憋足劲儿跑出了每秒30万千米的速度，只想赶紧逃到外面去。这种速度叫作真空光速，比宇宙中其他任何速度都快。

时间: 1秒

在一场巨大的光子爆发中，无数光子源源不断地离开太阳，我也跟着大家跑了出来。我们只喜欢走直线，飞得跟光线一样快，但是在运动过程中，我们喜欢上蹿下跳、蹦来蹦去，引起各种不同的波动。光子波长不同，我们呈现的颜色就不同。蓝光波长较短，红光波长较长，而绿光波长则介于蓝光和红光之间。将所有不同颜色的可见光融合在一起，就形成了白色的太阳光。我们很聪明吧?

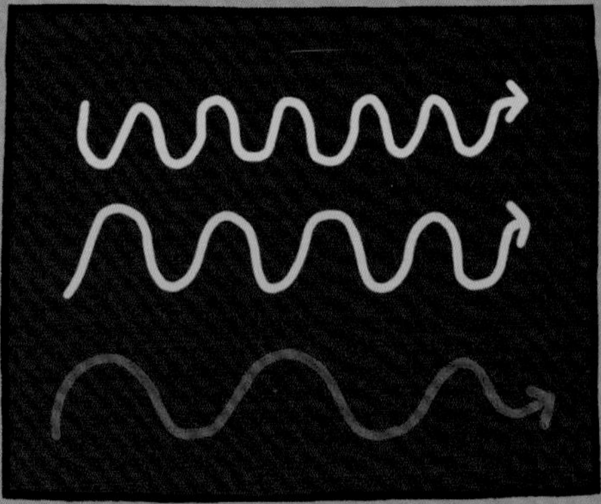

时间: 2秒

还有一些不可见的光波也跟着我们一路飞行，它们是红外线和紫外线。红外线让太阳光变得温暖，紫外线却会灼伤人的皮肤。我们很快就要与你见面了，你最好赶紧涂上一些防晒霜吧。

金星
水星
地球

时间：8分18秒

我们快到了！我们花了3分多钟越过了水星，大约6分钟后经过了金星。现在我们已经进入地球的臭氧层。唉，臭氧层太厉害了，竟然吞掉了一些危险的紫外线。准备好了吗？我们来啦！

时间：8分19秒

我跨越了1.5亿千米（这约是1天文单位，约等于地球与太阳的平均距离），不远万里前来见你。你却戴上了太阳镜，无情地将我弹回到太空中。哎，也行吧，至少你还不笨，知道不能直视太阳。我现在要回太空了，浩瀚的宇宙还等着我一饱眼福呢。

啵！

时间：4小时12分钟

我还在向前奔跑呢！我刚刚经过了海王星。太阳已经被我远远地抛在身后。在这个位置看太阳，它应该是暗淡无光、模糊不清的。我忍不住扭头望向太阳，不由得惊呆了。我看到的太阳，竟然与4小时前我离开时的样子毫无差别。难道我穿越到过去了吗？

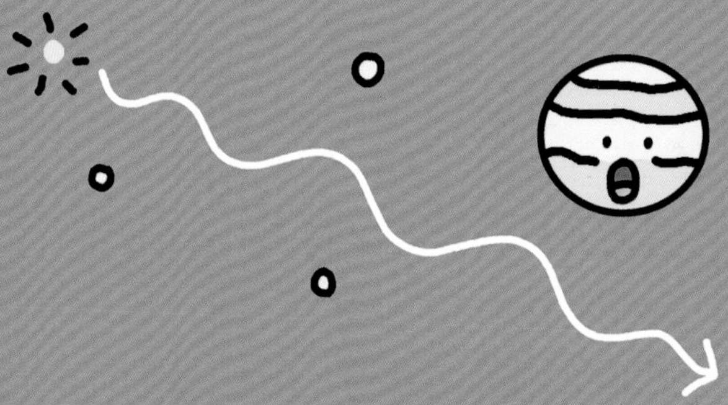

时间：一年

现在我已经旅行整整一年了。我以光的速度，飞行了约95 000亿千米。科学家们将这一距离称为“1光年”，因为他们可不想写那么多“0”来表示这段距离。结束这段旅程后，我就要离开太阳系啦。各位，再见咯！

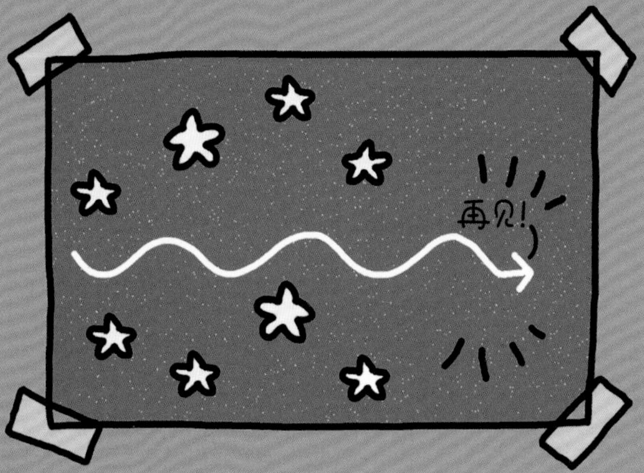
再见！

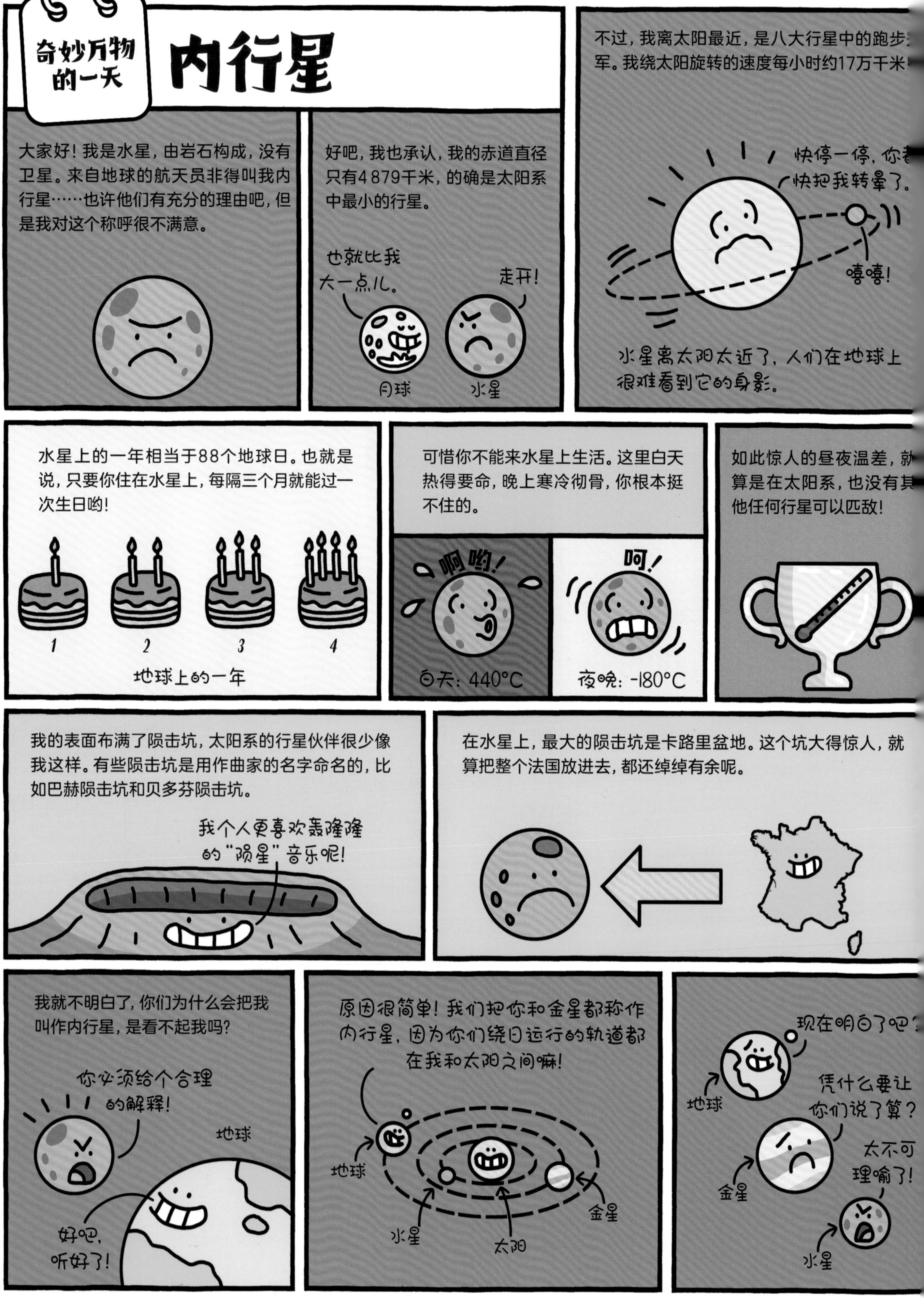
奇妙万物的一天
内行星
大家好！我是水星，由岩石构成，没有卫星。来自地球的航天员非得叫我内行星……也许他们有充分的理由吧，但是我对这个称呼很不满意。
好吧，我也承认，我的赤道直径只有4 879千米，的确是太阳系中最小的行星。
也就比我大一点儿。
走开！
月球
水星
不过，我离太阳最近，是八大行星中的跑步
军。我绕太阳旋转的速度每小时约17万千米
快停一停，你
快把我转晕了。
嘻嘻！
水星离太阳太近了，人们在地球上很难看到它的身影。
水星上的一年相当于88个地球日。也就是说，只要你住在水星上，每隔三个月就能过一次生日哟！
1
2
3
4
地球上的一年
可惜你不能来水星上生活。这里白天热得要命，晚上寒冷彻骨，你根本挺不住的。
啊哟！
呵！
白天：440°C
夜晚：-180°C
如此惊人的昼夜温差，
算是在太阳系，也没有
他任何行星可以匹敌！
我的表面布满了陨击坑，太阳系的行星伙伴很少像我这样。有些陨击坑是用作曲家的名字命名的，比如巴赫陨击坑和贝多芬陨击坑。
我个人更喜欢轰隆隆的“陨星”音乐呢！
在水星上，最大的陨击坑是卡路里盆地。这个坑大得惊人，就算把整个法国放进去，都还绰绰有余呢。
我就不明白了，你们为什么会把我叫作内行星，是看不起我吗？
你必须给个合理的解释！
地球
好吧，听好了！
原因很简单！我们把你和金星都称作内行星，因为你们绕日运行的轨道都在我和太阳之间嘛！
地球
水星
太阳
金星
现在明白了吧
地球
凭什么要让你们说了算？
太不可理喻了！
金星
水星

奇妙万物的一天
致命硫酸云
嘿！我是一朵硫酸云。欢迎来到金星，究竟该不该欢迎你来这里，其实我也说不好！
我还有非常多的硫酸云伙伴，我们聚集在金星上空。
金星在我们硫酸云下方大约60千米处。那是一颗红色的岩石星球，大小与地球差不多，上面耸立着1 600多座火山。
没有卫星
距离太阳约1.08亿千米
没有行星环
毫无乐趣
喂，你好！
因为有我们硫酸云，金星是太阳系中最热的行星，温度高达约480° C。
我最热，我最酷！
温度这么高，还因为金星大气层中厚厚的二氧化碳吸收了太多的热量。
呼！难怪你们地球上的人把这叫作金星温室效应！
事实上，金星上的空气太重了，足以压垮一辆汽车！
我以前还担心轮胎漏气。
金星上的一天竟然比它的一年还要长，这也太古怪了吧！
这是因为金星绕日运行一周的时间为225天，而它自转一圈竟然要花243天。
你听明白了吗？
不仅如此，金星的自转方向还与地球正好相反。
你转错方向了！
我没有，是你错了！
地球
金星
也就是说，你站在金星上，看到太阳从西边升起，从东边落下……当然，如果你真能去金星一游的话！
云雾笼罩，完全看不清楚！
嘿嘿！
哈哈！
不过金星是夜空中最亮的那颗星。金星的英文名称（Venus）来源于古罗马神话中的爱神维纳斯。
快看，金星！
亲爱的，真是太浪漫了！
浪漫？我们可不是哟！
对呀！
没错！

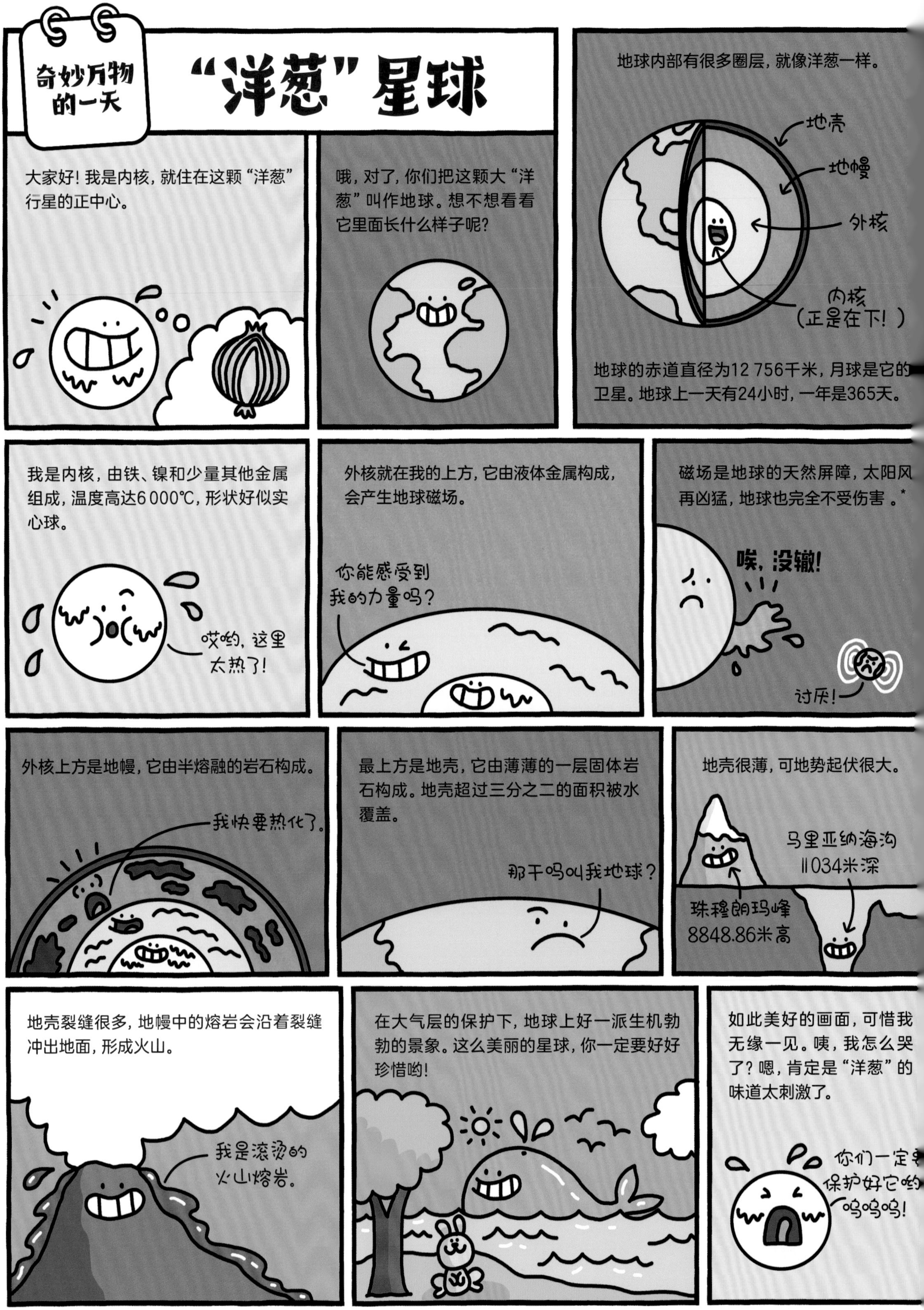

奇妙万物的一天
“洋葱”星球
大家好！我是内核，就住在这颗“洋葱”行星的正中心。
哦，对了，你们把这颗大“洋葱”叫作地球。想不想看看它里面长什么样子呢？
地球内部有很多圈层，就像洋葱一样。
地壳
地幔
外核
内核
（正是在下！）
地球的赤道直径为12 756千米，月球是它的卫星。地球上一天有24小时，一年是365天。
我是内核，由铁、镍和少量其他金属组成，温度高达6 000℃，形状好似实心球。
哎哟，这里太热了！
外核就在我的上方，它由液体金属构成，会产生地球磁场。
你能感受到我的力量吗？
磁场是地球的天然屏障，太阳风再凶猛，地球也完全不受伤害。*
唉，没辙！
讨厌！
外核上方是地幔，它由半熔融的岩石构成。
我快要热化了。
最上方是地壳，它由薄薄的一层固体岩石构成。地壳超过三分之二的面积被水覆盖。
那干吗叫我地球？
地壳很薄，可地势起伏很大。
马里亚纳海沟
11034米深
珠穆朗玛峰
8848.86米高
地壳裂缝很多，地幔中的熔岩会沿着裂缝冲出地面，形成火山。
我是滚烫的火山熔岩。
在大气层的保护下，地球上好一派生机勃勃的景象。这么美丽的星球，你一定要好好珍惜哟！
如此美好的画面，可惜我无缘一见。咦，我怎么哭了？嗯，肯定是“洋葱”的味道太刺激了。
你们一定要保护好它哟！
呜呜呜！

* 参见第22—23页。

奇妙万物的一天 生命

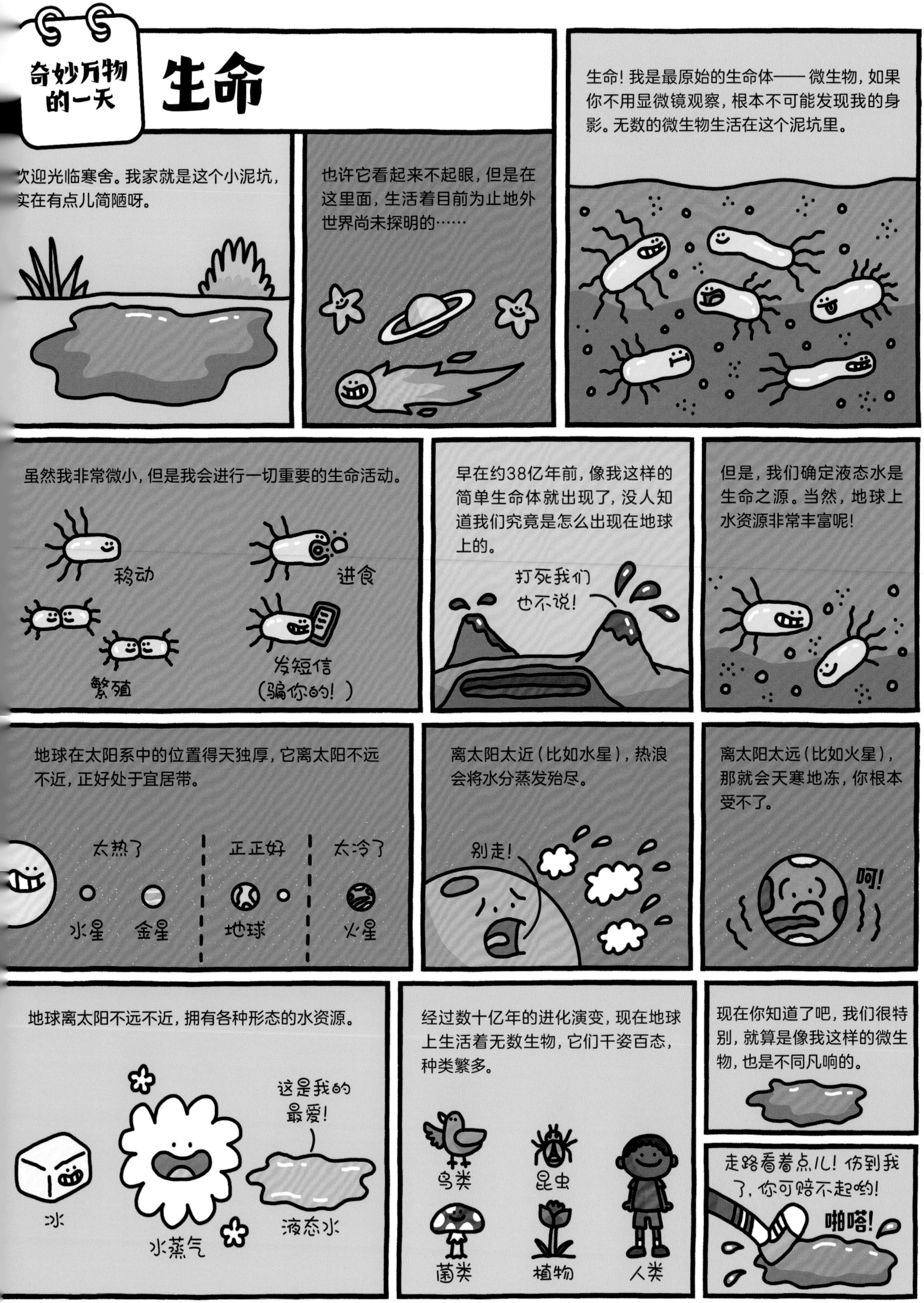

生命！我是最原始的生命体——微生物，如果你不用显微镜观察，根本不可能发现我的身影。无数的微生物生活在这个泥坑里。
欢迎光临寒舍。我家就是这个小泥坑，实在有点儿简陋呀。
也许它看起来不起眼，但是在这里面，生活着目前为止地外世界尚未探明的……
虽然我非常微小，但是我会进行一切重要的生命活动。
移动
进食
繁殖
发短信
（骗你的！）
早在约38亿年前，像我这样的简单生命体就出现了，没人知道我们究竟是怎么出现在地球上的。
打死我们
也不说！
但是，我们确定液态水是生命之源。当然，地球上水资源非常丰富呢！
地球在太阳系中的位置得天独厚，它离太阳不远不近，正好处于宜居带。
太热了
正正好
太冷了
水星
金星
地球
火星
离太阳太近（比如水星），热浪会将水分蒸发殆尽。
别走！
离太阳太远（比如火星），那就会天寒地冻，你根本受不了。
呵！
地球离太阳不远不近，拥有各种形态的水资源。
这是我的
最爱！
冰
水蒸气
液态水
经过数十亿年的进化演变，现在地球上生活着无数生物，它们千姿百态，种类繁多。
鸟类
昆虫
菌类
植物
人类
现在你知道了吧，我们很特别，就算是像我这样的微生物，也是不同凡响的。
走路看着点儿！伤到我了，你可赔不起哟！
啪嗒！

太阳风粒子的秘密日记

选自太阳风粒子的日记。

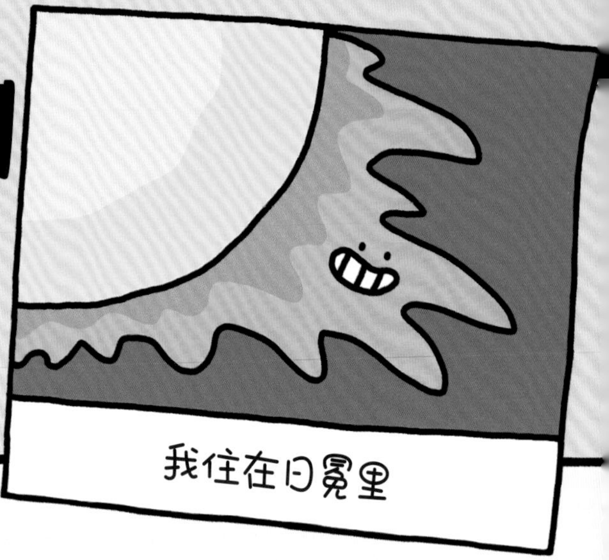
我住在日冕里

周一早晨

哇!本周第一天就这样猝不及防地开始了! 今天本来心情很不错，我和无数带电粒子小伙伴正在无忧无虑地享受着100万摄氏度的高温，日冕突然把我们抛了出去。现在，我们正以每秒大约500千米的速度飞奔，似乎是朝着某个遥远的蓝色星球奔去。我在想，到了那里，我们会做些什么呢?

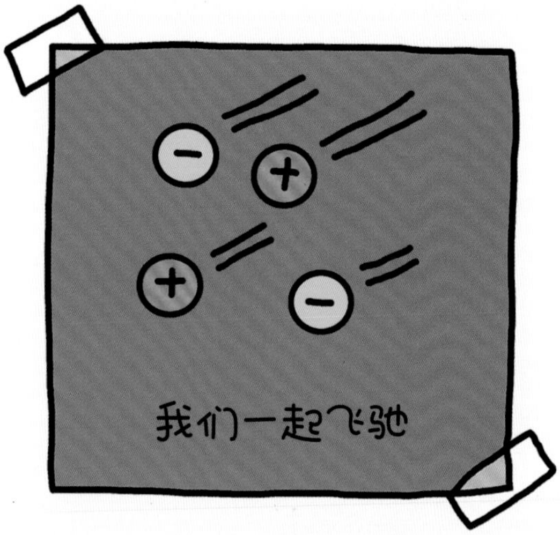
我们一起飞驰

周一下午

最新消息。显然，我们这群超级带电粒子（不管是正电，还是负电），形成了一场猛烈的“太阳风暴”。太阳风暴听起来有点儿可怕，我觉得“太阳风天气”更好听些。话又说回来，我们怎么还没有抵达那颗蓝色的行星呀。

周一晚

刚刚听说一些粒子走散了。它们形成的一股太阳风甚至还遇到了彗星，直接给它吹出了一条背向太阳的大长尾巴。我希望我们这一股太阳风也能大干一场。

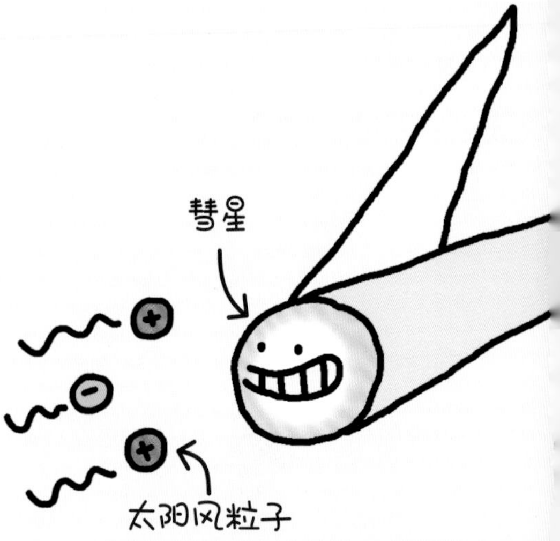
彗星
太阳风粒子

周二

嗯，今天真无趣。一路上到处都空荡荡的，我们闷着头一路狂奔。不过，那颗小小的蓝色星球看起来越来越大了。我想我们明天也许就会撞上它。

周三上午

又是惊心动魄的一天呀！没想到那颗蓝色的行星憋着大招，默默等着我们呢！它周身裹着一张无形的粒子防护罩！我一开始以为那不过是它的小把戏，后来才发现那竟是专门对付我们的磁场大杀器！这颗行星就像一块巨大的磁铁，拉扯着我们在磁场中旋转，直到将我们中的大部分抛出地球。我和一些伙伴运气真不错，竟然找到了防护罩的缝隙钻了进去。也许现在我们有机会大放异彩啦。

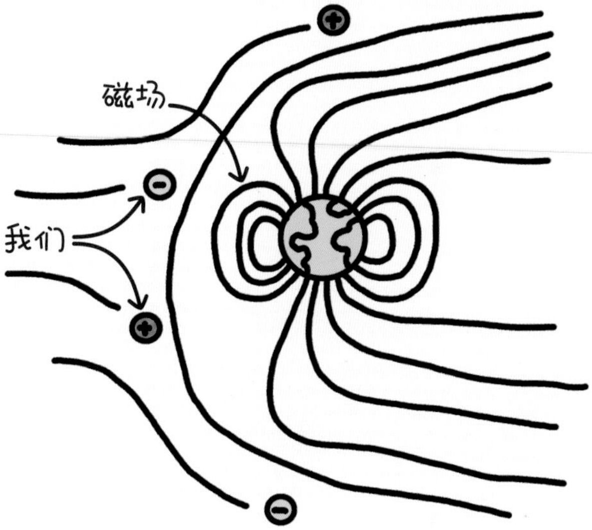
磁场
我们

哇，快看，极光！真是太壮美了！

周三晚

又是激动人心的一天！我们的确大放异彩了。我们这些流浪的粒子在地球的南北极上空，与大气层中的气体分子和原子大部队撞了个正着。它们吸收了我们的能量转化成天空中大片绚烂的色彩，人类将这种现象称为极光。我跑了1.5亿千米才来到这里，虽然累得够呛，但是一想到我们竟然成就了这幅美丽的画卷，顿时觉得再累也值了。再会吧！

奇妙万物的一天

巨大的照明灯

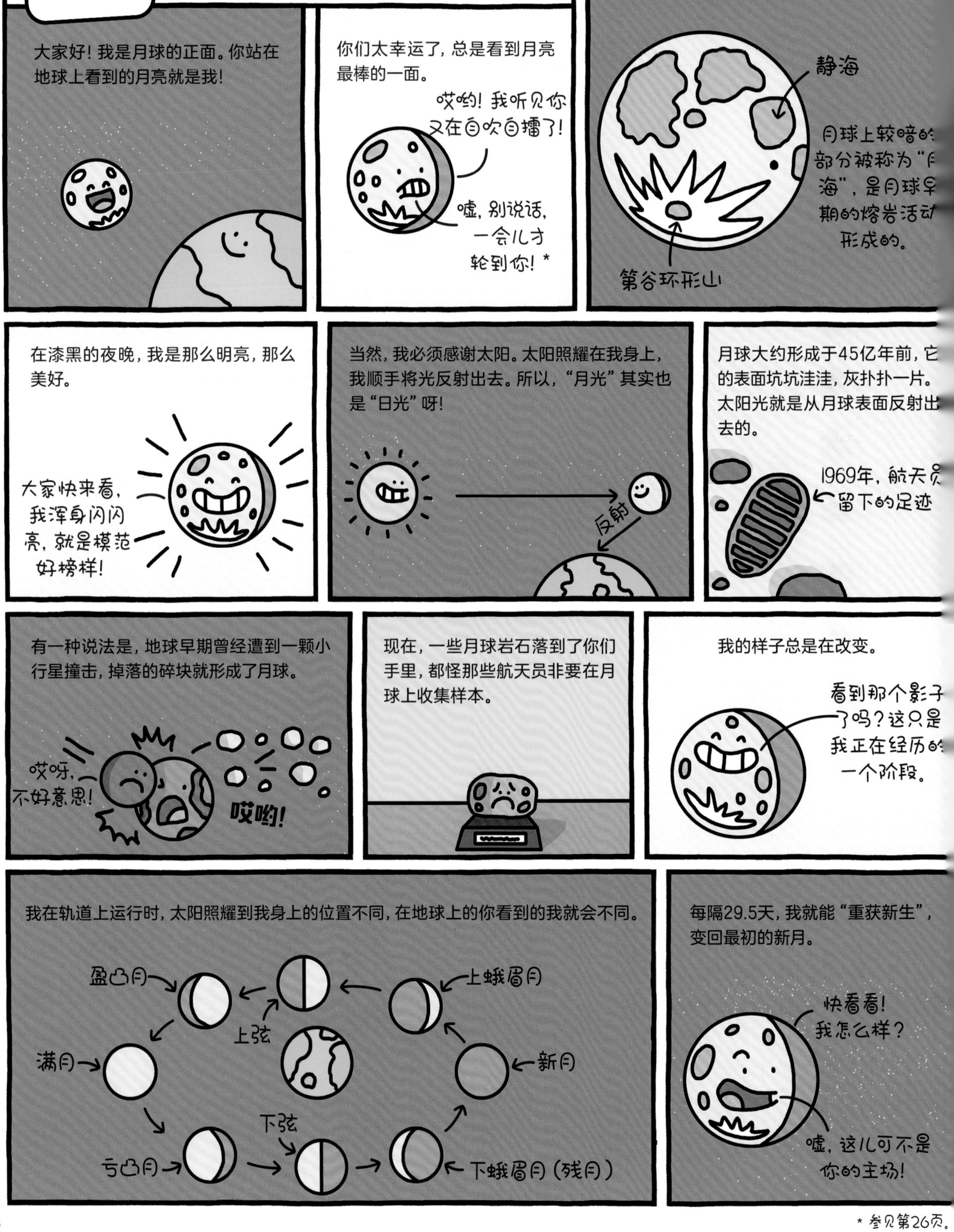

大家好！我是月球的正面。你站在地球上看到的月亮就是我！
你们太幸运了，总是看到月亮最棒的一面。
哎哟！我听见你又在自吹自擂了！
嘘，别说话，一会儿才轮到你！*
满月时，我是这个模样。我的直径大约是地球的四分之一。
静海
月球上较暗的部分被称为“月海”，是月球早期的熔岩活动形成的。
第谷环形山
在漆黑的夜晚，我是那么明亮，那么美好。
大家快来看，我浑身闪闪亮，就是模范好榜样！
当然，我必须感谢太阳。太阳照耀在我身上，我顺手将光反射出去。所以，“月光”其实也是“日光”呀！
反射
月球大约形成于45亿年前，它的表面坑坑洼洼，灰扑扑一片。太阳光就是从月球表面反射出去的。
1969年，航天员留下的足迹
有一种说法是，地球早期曾经遭到一颗小行星撞击，掉落的碎块就形成了月球。
哎呀，不好意思！
哎哟！
现在，一些月球岩石落到了你们手里，都怪那些航天员非要在月球上收集样本。
我的样子总是在改变。
看到那个影子了吗？这只是我正在经历的一个阶段。
我在轨道上运行时，太阳照耀到我身上的位置不同，在地球上的你看到的我就会不同。
盈凸月
上弦
上蛾眉月
满月
新月
亏凸月
下弦
下蛾眉月（残月）
每隔29.5天，我就能“重获新生”，变回最初的新月。
快看看！我怎么样？
嘘，这儿可不是你的主场！

* 参见第26页。

奇妙万物的一天 一根羽毛

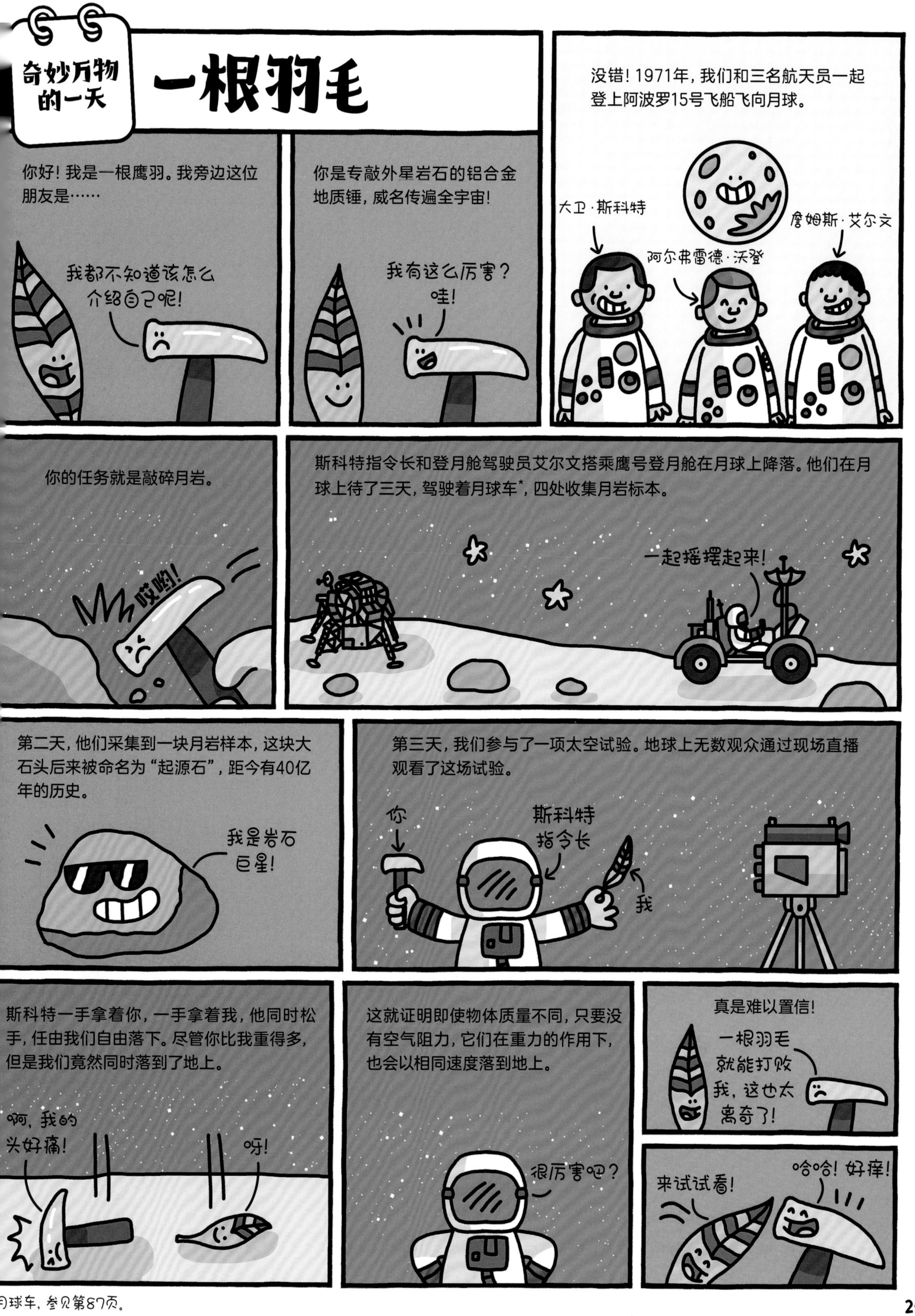
奇妙万物的一天
一根羽毛
你好！我是一根鹰羽。我旁边这位朋友是……
我都不知道该怎么介绍自己呢！
你是专敲外星岩石的铝合金地质锤，威名传遍全宇宙！
我有这么厉害？哇！
没错！1971年，我们和三名航天员一起登上阿波罗15号飞船飞向月球。
大卫·斯科特
阿尔弗雷德·沃登
詹姆斯·艾尔文
你的任务就是敲碎月岩。
哎哟！
斯科特指令长和登月舱驾驶员艾尔文搭乘鹰号登月舱在月球上降落。他们在月球上待了三天，驾驶着月球车*，四处收集月岩标本。
一起摇摆起来！
第二天，他们采集到一块月岩样本，这块大石头后来被命名为“起源石”，距今有40亿年的历史。
我是岩石巨星！
第三天，我们参与了一项太空试验。地球上无数观众通过现场直播观看了这场试验。
你
斯科特指令长
我
斯科特一手拿着你，一手拿着我，他同时松手，任由我们自由落下。尽管你比我重得多，但是我们竟然同时落到了地上。
啊，我的头好痛！
呀！
这就证明即使物体质量不同，只要没有空气阻力，它们在重力的作用下，也会以相同速度落到地上。
很厉害吧？
真是难以置信！
一根羽毛就能打败我，这也太离奇了！
来试试看！
哈哈！好痒！

*月球车，参见第87页。

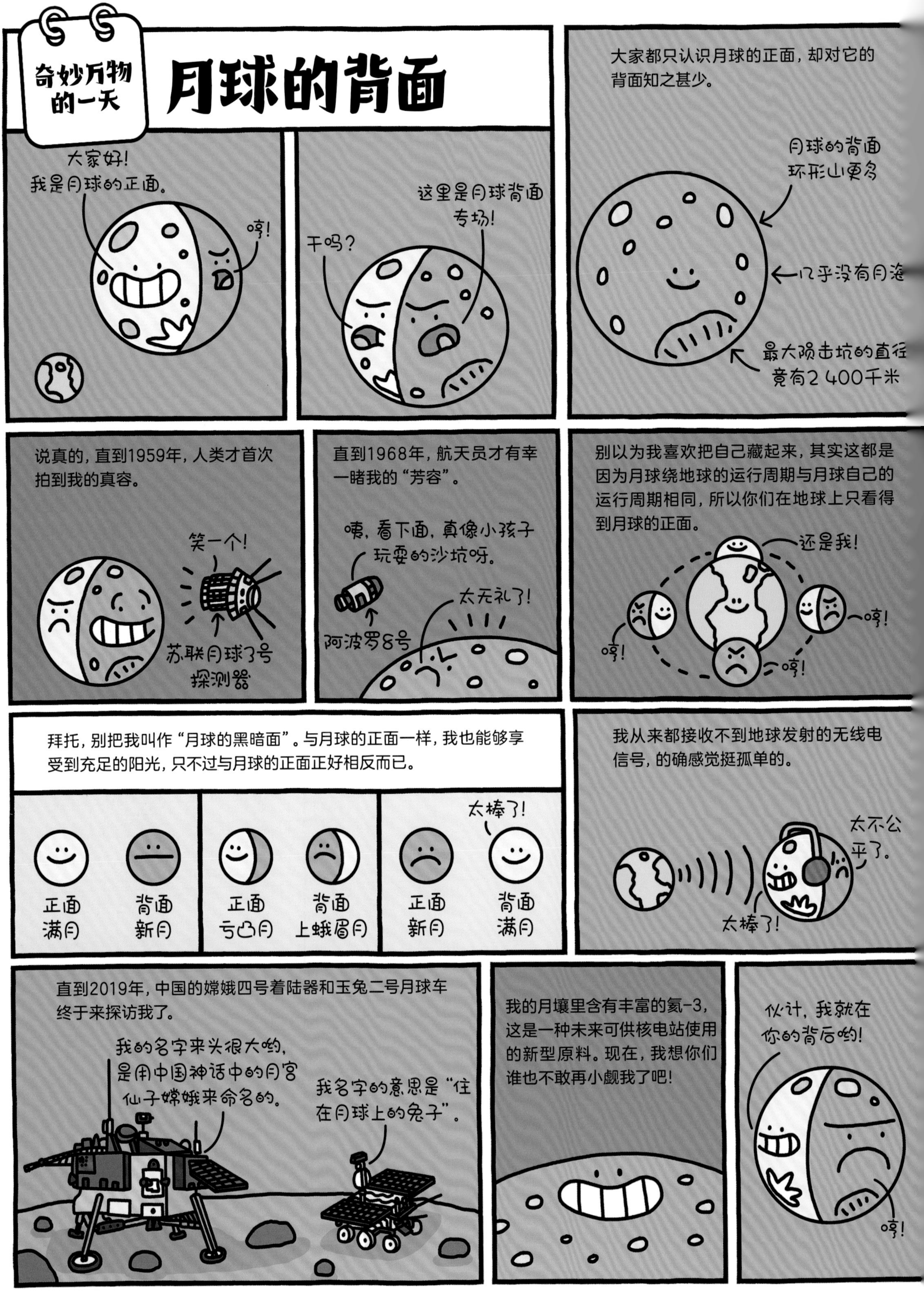

奇妙万物的一天
月球的背面
大家好！
我是月球的正面。
哼！
干吗？
这里是月球背面专场！
大家都只认识月球的正面，却对它的背面知之甚少。
月球的背面环形山更多
几乎没有月海
最大陨击坑的直径竟有2 400千米
说真的，直到1959年，人类才首次拍到我的真容。
笑一个！
苏联月球3号探测器
直到1968年，航天员才有幸一睹我的“芳容”。
咦，看下面，真像小孩子玩耍的沙坑呀。
阿波罗8号
太无礼了！
别以为我喜欢把自己藏起来，其实这都是因为月球绕地球的运行周期与月球自己的运行周期相同，所以你们在地球上只看得到月球的正面。
还是我！
哼！
哼！
哼！
拜托，别把我叫作“月球的黑暗面”。与月球的正面一样，我也能够享受到充足的阳光，只不过与月球的正面正好相反而已。
正面 满月
背面 新月
正面 亏凸月
背面 上蛾眉月
正面 新月
太棒了！
背面 满月
我从来都接收不到地球发射的无线电信号，的确感觉挺孤单的。
太不公平了。
太棒了！
直到2019年，中国的嫦娥四号着陆器和玉兔二号月球车终于来探访我了。
我的名字来头很大哟，是用中国神话中的月宫仙子嫦娥来命名的。
我名字的意思是“住在月球上的兔子”。
我的月壤里含有丰富的氦-3，这是一种未来可供核电站使用的新型原料。现在，我想你们谁也不敢再小觑我了吧！
伙计，我就在你的背后哟！
哼！

拓展知识

太阳隐身之谜

你可以想象一下，在古时候，光天化日之下，太阳忽然像被咬了一口，大地慢慢变得昏暗，古人肯定以为天要塌了，自然会感到惊慌失措，害怕得浑身发抖。然而，今天的人们再也不会慌张了，我们早就知道这种现象叫作日食。从地球上看，日食之所以会出现，是因为月球挡住了太阳射向地球的光线。

月球从太阳面前移过，挡住了太阳光。

嘿!
日全食

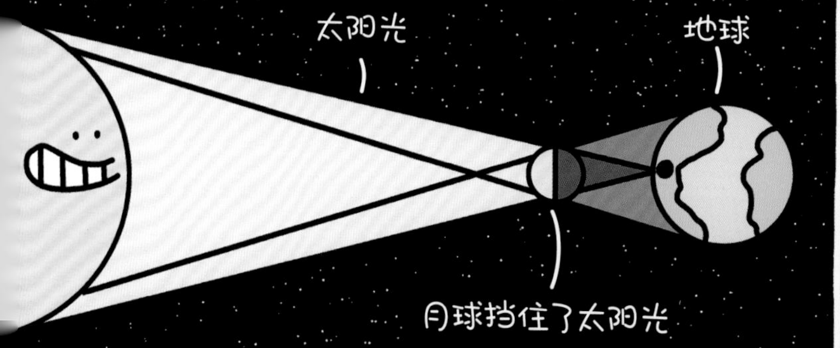
太阳光
地球
月球挡住了太阳光

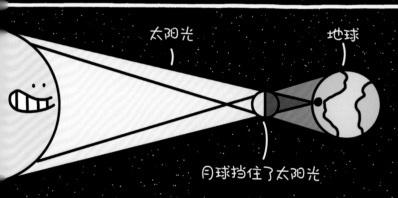

日全食大约每18个月发生一次。任何时候都不要直视太阳，就算是在日食期间也不可以哟。

日冕

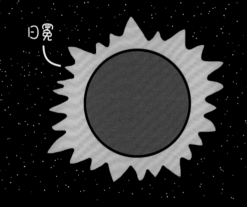

既有日偏食，也有日全食。日全食出现时，人类能够看到太阳的极热大气层（日冕）。

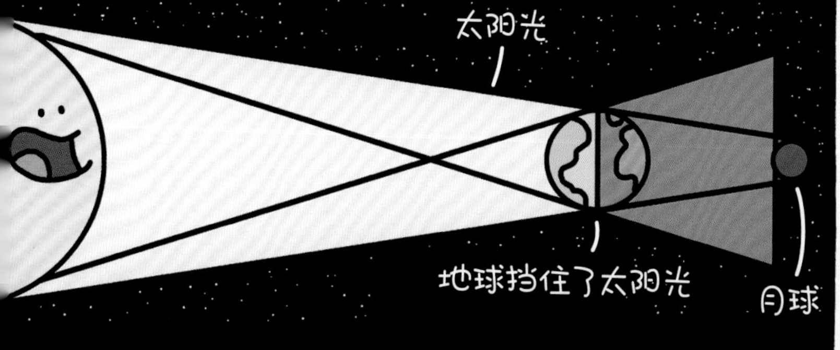
太阳光
地球挡住了太阳光
月球

地球挡住了太阳射向月球的光线，这就是月食。

哇，红色比灰色
好看多了!

月全食期间，月亮变成了暗红色，这是因为地球大气将波长较长的红光折射到了月球表面。

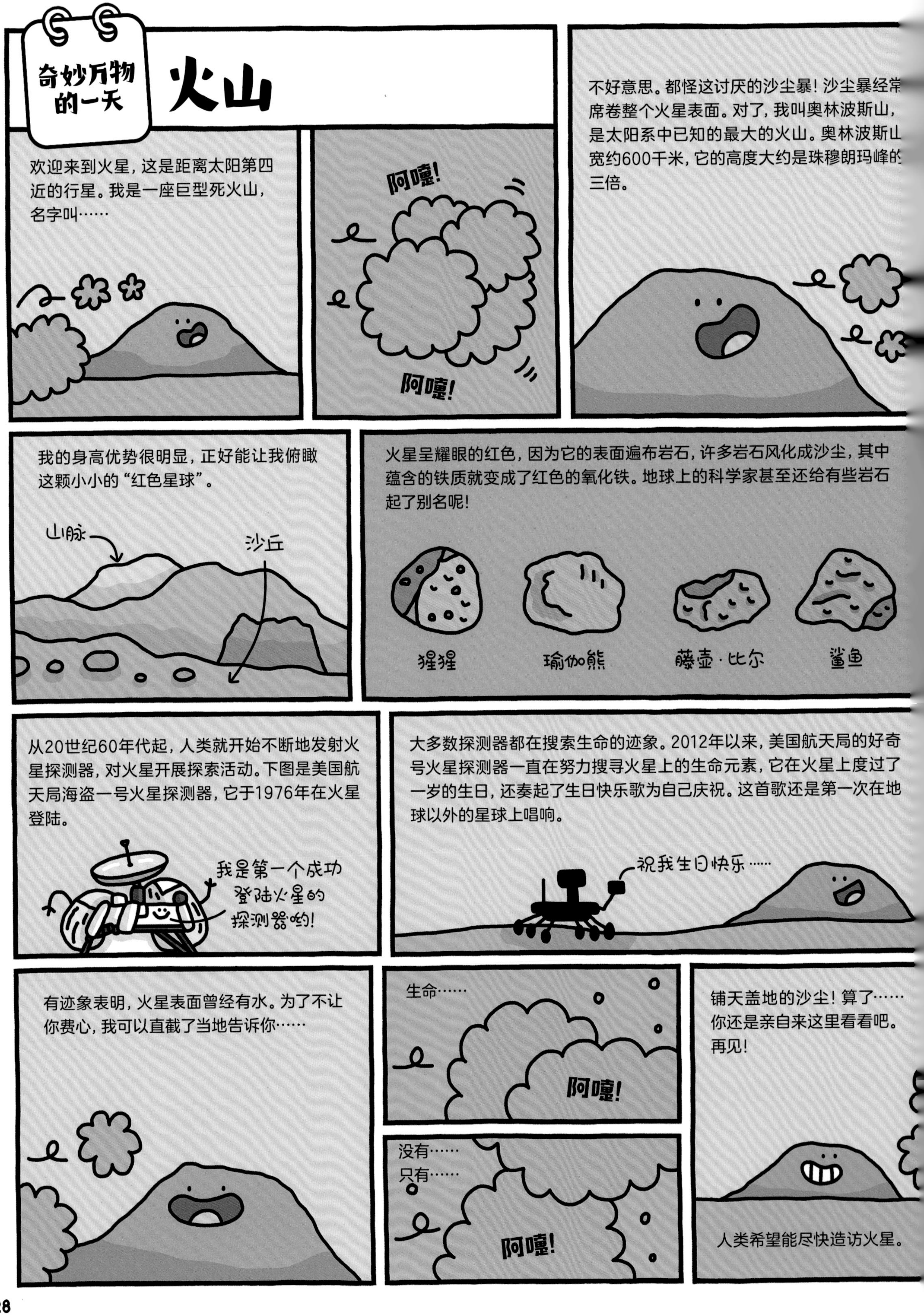

奇妙万物的一天
火山
欢迎来到火星，这是距离太阳第四近的行星。我是一座巨型死火山，名字叫……
阿嚏！
阿嚏！
不好意思。都怪这讨厌的沙尘暴！沙尘暴经常席卷整个火星表面。对了，我叫奥林波斯山，是太阳系中已知的最大的火山。奥林波斯山宽约600千米，它的高度大约是珠穆朗玛峰的三倍。
我的身高优势很明显，正好能让我俯瞰这颗小小的“红色星球”。
山脉
沙丘
火星呈耀眼的红色，因为它的表面遍布岩石，许多岩石风化成沙尘，其中蕴含的铁质就变成了红色的氧化铁。地球上的科学家甚至还给有些岩石起了别名呢！
猩猩
瑜伽熊
藤壶·比尔
鲨鱼
从20世纪60年代起，人类就开始不断地发射火星探测器，对火星开展探索活动。下图是美国航天局海盗一号火星探测器，它于1976年在火星登陆。
我是第一个成功登陆火星的探测器哟！
大多数探测器都在搜索生命的迹象。2012年以来，美国航天局的好奇号火星探测器一直在努力搜寻火星上的生命元素，它在火星上度过了一岁的生日，还奏起了生日快乐歌为自己庆祝。这首歌还是第一次在地球以外的星球上唱响。
祝我生日快乐……
有迹象表明，火星表面曾经有水。为了不让你费心，我可以直截了当地告诉你……
生命……
阿嚏！
没有……
只有……
阿嚏！
铺天盖地的沙尘！算了……你还是亲自来这里看看吧。再见！
人类希望能尽快造访火星。

拓展知识

红色行星

火星在夜空中闪耀着血红色的光芒，难怪西方人会用古罗马神话中的战神来命名它。火星的赤道直径约为地球的一半，它与地球相比白天大约长40分钟。由于火星离太阳很远，所以火星上的一年时间很长，相当于687个地球日。

稀薄的空气

火星的大气非常稀薄，主要成分为二氧化碳，不适合人类呼吸。它的重力约为地球的40%，这就是说，如果将来人类来到火星上，会惊讶地发现自己的体重计数竟然比在地球上轻得多。

极寒极冻

与地球一样，火星的南北两极都覆盖着厚厚的冰盖，那里的温度可以低至-125°C。

巨大无比！

水手号峡谷群是太阳系最大最长的峡谷，是美国科罗拉多大峡谷的9倍长、4倍深。

火卫一

哼哈二将

火星有两颗卫星，形状很像土豆，被称为“火卫一”和“火卫二”。火卫一的轨道离火星非常近，也许哪天就会撞上火星，变成一堆碎片。

火卫二

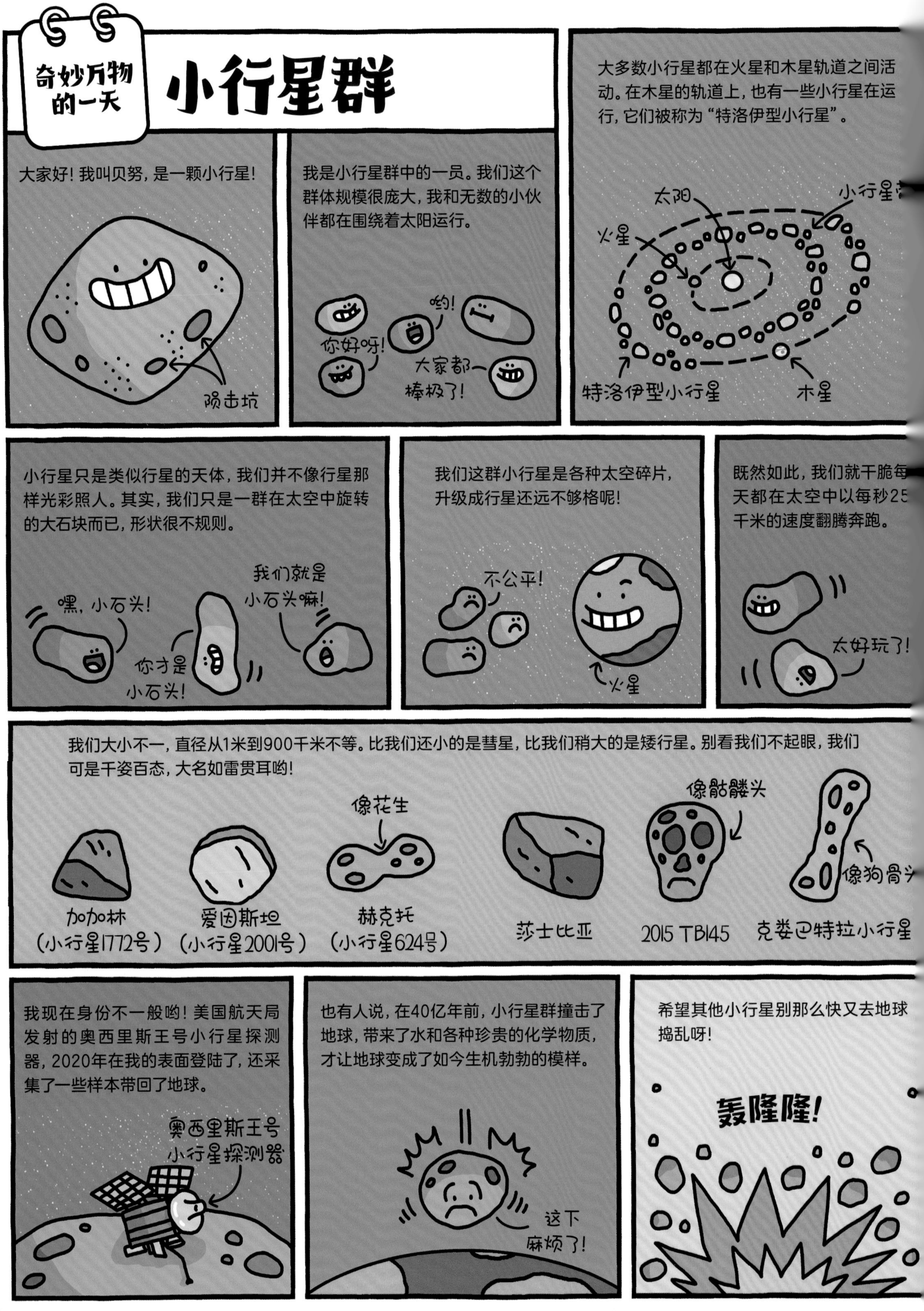
奇妙万物的一天
小行星群
大家好！我叫贝努，是一颗小行星！
陨击坑
我是小行星群中的一员。我们这个群体规模很庞大，我和无数的小伙伴都在围绕着太阳运行。
哟！
你好呀！
大家都棒极了！
大多数小行星都在火星和木星轨道之间活动。在木星的轨道上，也有一些小行星在运行，它们被称为“特洛伊型小行星”。
太阳
小行星
火星
特洛伊型小行星
木星
小行星只是类似行星的天体，我们并不像行星那样光彩照人。其实，我们只是一群在太空中旋转的大石块而已，形状很不规则。
嘿，小石头！
你才是小石头！
我们就是小石头嘛！
我们这群小行星是各种太空碎片，升级成行星还远不够格呢！
不公平！
火星
既然如此，我们就干脆每天都在太空中以每秒25千米的速度翻腾奔跑。
太好玩了！
我们大小不一，直径从1米到900千米不等。比我们还小的是彗星，比我们稍大的是矮行星。别看我们不起眼，我们可是千姿百态，大名如雷贯耳哟！
加加林（小行星1772号）
爱因斯坦（小行星2001号）
像花生
赫克托（小行星624号）
莎士比亚
像骷髅头
2015 TB145
像狗骨
克娄巴特拉小行星
我现在身份不一般哟！美国航天局发射的奥西里斯王号小行星探测器，2020年在我的表面登陆了，还采集了一些样本带回了地球。
奥西里斯王号小行星探测器
也有人说，在40亿年前，小行星群撞击了地球，带来了水和各种珍贵的化学物质，才让地球变成了如今生机勃勃的模样。
这下麻烦了！
希望其他小行星别那么快又去地球捣乱呀！
轰隆隆！

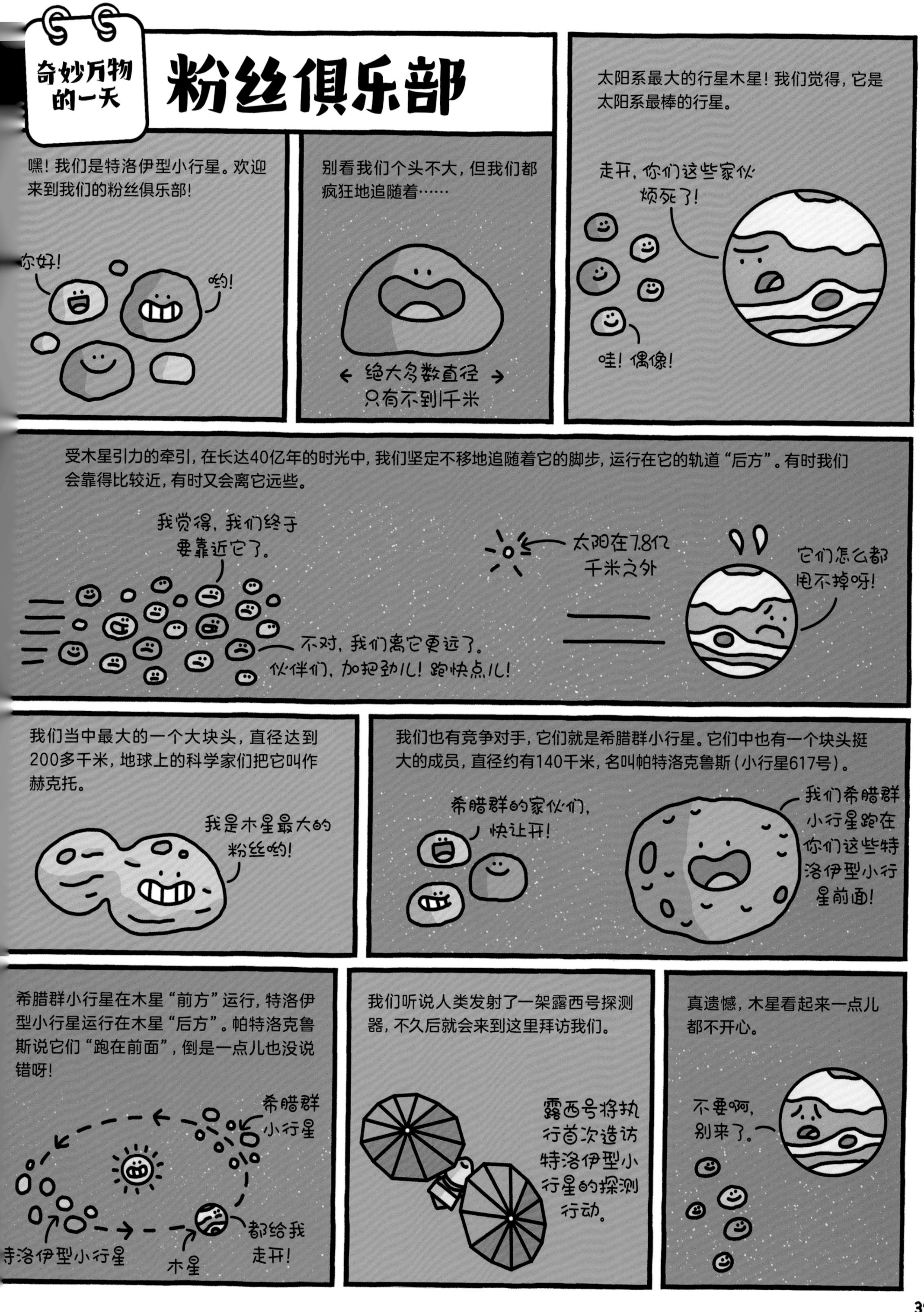

奇妙万物的一天
粉丝俱乐部
嘿！我们是特洛伊型小行星。欢迎来到我们的粉丝俱乐部！
你好！
哟！
别看我们个头不大，但我们都疯狂地追随着……
绝大多数直径只有不到1千米
太阳系最大的行星木星！我们觉得，它是太阳系最棒的行星。
走开，你们这些家伙烦死了！
哇！偶像！
受木星引力的牵引，在长达40亿年的时光中，我们坚定不移地追随着它的脚步，运行在它的轨道“后方”。有时我们会靠得比较近，有时又会离它远些。
我觉得，我们终于要靠近它了。
不对，我们离它更远了。伙伴们，加把劲儿！跑快点儿！
太阳在7.8亿千米之外
它们怎么都甩不掉呀！
我们当中最大的一个大块头，直径达到200多千米，地球上的科学家们把它叫作赫克托。
我是木星最大的粉丝哟！
我们也有竞争对手，它们就是希腊群小行星。它们中也有一个块头挺大的成员，直径约有140千米，名叫帕特洛克鲁斯（小行星617号）。
希腊群的家伙们，快让开！
我们希腊群小行星跑在你们这些特洛伊型小行星前面！
希腊群小行星在木星“前方”运行，特洛伊型小行星运行在木星“后方”。帕特洛克鲁斯说它们“跑在前面”，倒是一点儿也没说错呀！
希腊群小行星
特洛伊型小行星
木星
都给我走开！
我们听说人类发射了一架露西号探测器，不久后就会来到这里拜访我们。
露西号将执行首次造访特洛伊型小行星的探测行动。
真遗憾，木星看起来一点儿都不开心。
不要啊，别来了。

行星风暴的秘密日记

这是木星表面的巨大风暴大红斑写下的日记。

中间那块红色斑块就是我！

第一天

我的日子过得有滋有味。每天我都会呼啸而来（确实是这样），不过木星上的一天只相当于地球上的10个小时，让我玩得不太尽兴。木星的白昼太短了，这全怪这颗行星总是闷着脑袋使劲瞎转，完全不像是太阳系“第一壮”该有的速度啊！我比地球要大得多（别不信，毕竟木星可以装下1 000多个地球）。虽然木星主要由氢这种很轻的元素构成，可就算把太阳系其他七大行星的质量加在一起，都还不到它的一半呢！

第二天

毫不意外，今天木星上又刮起了大风暴。我卖力搅动风暴旋涡，飞快地席卷木星表面。在太空中，你可以看到木星上有棕色和白色云带，我就在它们之间旋转不停。我每次“巡回演出”都要花14个木星日。我们赶紧接着干吧！

我来啦！

第三天

我不喜欢千篇一律的生活。于是，今天我又给自己换了一身装扮，褪去了褐红色，换上了漂亮的橙红色（有时我也会变成灰色或白色）。地球上的你们不明白我为什么会变换颜色，我也不打算告诉你们，毕竟这是我的秘密嘛。

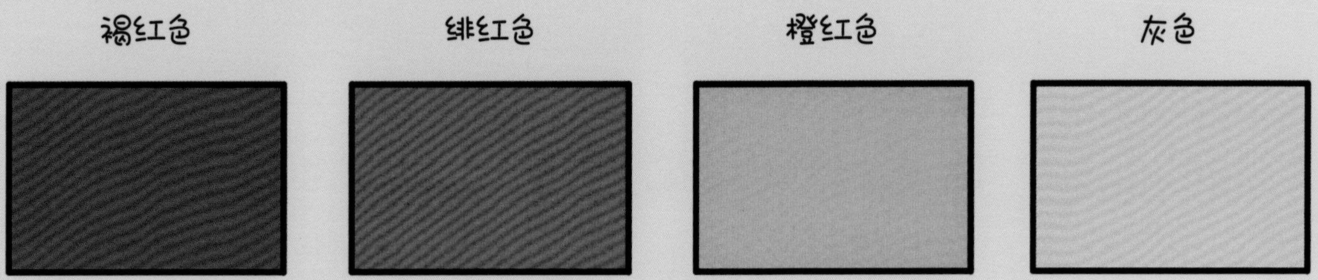
褐红色
绯红色
橙红色
灰色

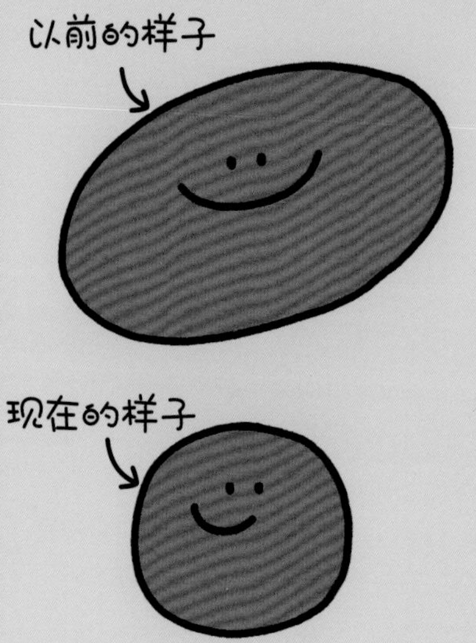
以前的样子
现在的样子

第四天

到现在为止，我已经在木星上顽皮捣蛋了几百年，真是令人难以置信。为此我也荣幸地获得了太阳系最古老风暴的称号！人类早在17世纪60年代就观测到了我的存在。那时我更扁一些，现在我变小了，也更圆润了——不管怎么说，我还是十分庞大的！有时我希望我更暖和一些。今天木星的温度是−140℃，毕竟太阳离我们太远了，没法给我们温暖。讨厌！

第十四天

今天，环绕木星的旅程告一段落了。跟木星相比，我的动作快多了，它绕太阳旋转一圈竟然要花12个地球年。不过，既然我们体形庞大，我相信我们在夜空中的身姿一定非常光彩夺目。地球上的人们使用双筒望远镜或天文望远镜，甚至还能看到木星众多卫星中的其中几个。不说了，我该回去继续“捣乱”啦！为下一个200年干杯！

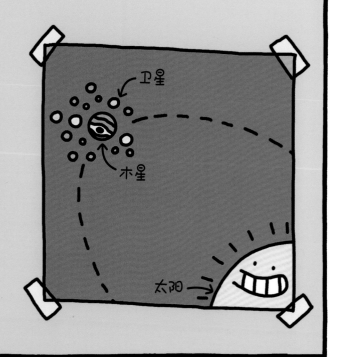

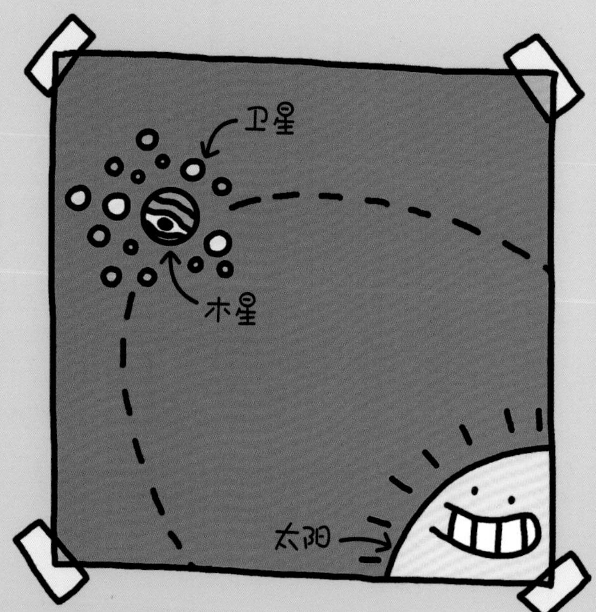
卫星
木星
太阳

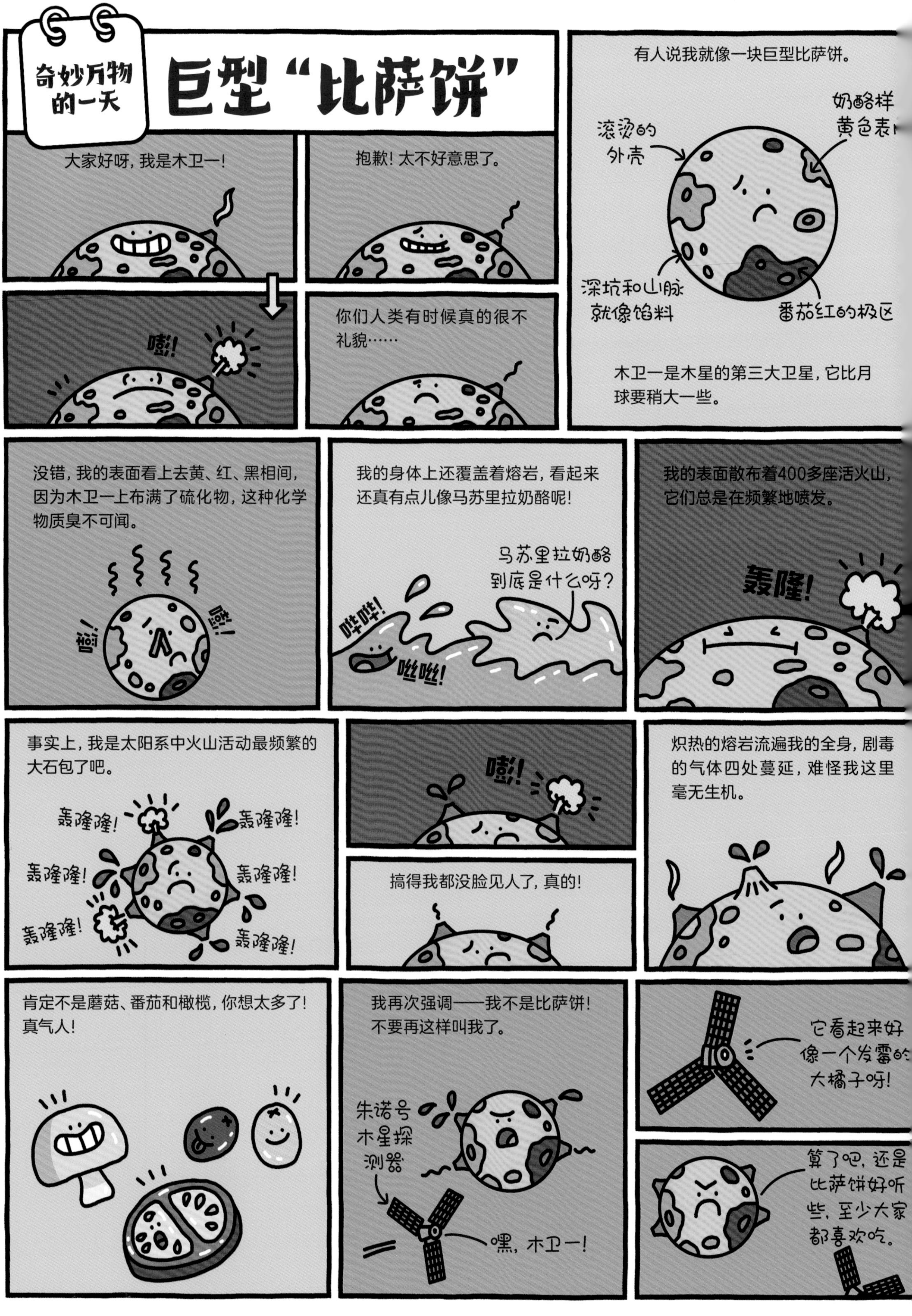
奇妙万物的一天
巨型"比萨饼"
大家好呀，我是木卫一！
抱歉！太不好意思了。
嘭！
你们人类有时候真的很不礼貌……
有人说我就像一块巨型比萨饼。
滚烫的外壳
奶酪样黄色表
深坑和山脉就像馅料
番茄红的极区
木卫一是木星的第三大卫星，它比月球要稍大一些。
没错，我的表面看上去黄、红、黑相间，因为木卫一上布满了硫化物，这种化学物质臭不可闻。
嘭！
嘭！
我的身体上还覆盖着熔岩，看起来还真有点儿像马苏里拉奶酪呢！
马苏里拉奶酪到底是什么呀？
哗哗！
滋滋！
我的表面散布着400多座活火山，它们总是在频繁地喷发。
轰隆！
事实上，我是太阳系中火山活动最频繁的大石包了吧。
轰隆隆！
轰隆隆！
轰隆隆！
轰隆隆！
轰隆隆！
轰隆隆！
嘭！
搞得我都没脸见人了，真的！
炽热的熔岩流遍我的全身，剧毒的气体四处蔓延，难怪我这里毫无生机。
肯定不是蘑菇、番茄和橄榄，你想太多了！真气人！
我再次强调——我不是比萨饼！不要再这样叫我了。
朱诺号木星探测器
嘿，木卫一！
它看起来好像一个发霉的大橘子呀！
算了吧，还是比萨饼好听些，至少大家都喜欢吃。

拓展知识

卫星太多啦!

木星如此巨大，其引力也很强大，至少有超过80颗卫星受到它的牵引，只能在木星轨道周围运行。木卫一、木卫二、木卫三和木卫四是木星最大的四颗天然卫星。1610年，意大利天文学家伽利略发现了它们，因此它们被命名为伽利略卫星。这四颗卫星体形巨大，夜晚你透过双筒望远镜就能看见它们。

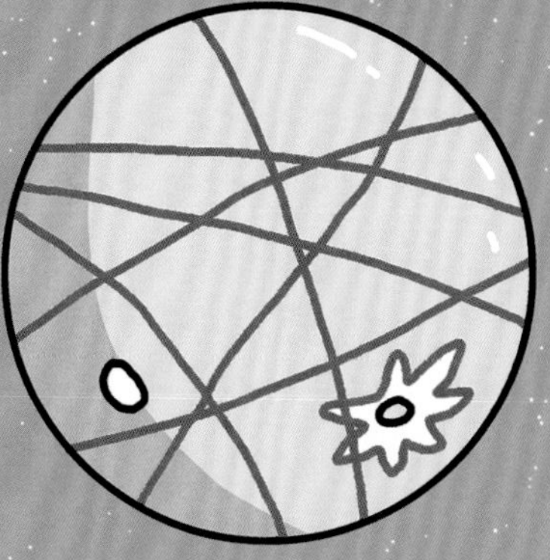

年轻美丽的寒冰星球

在木卫二厚厚的冰层之下，可能隐藏着一片巨大的海洋，水资源可能比地球还要丰富。里面可能有生命存在吗?

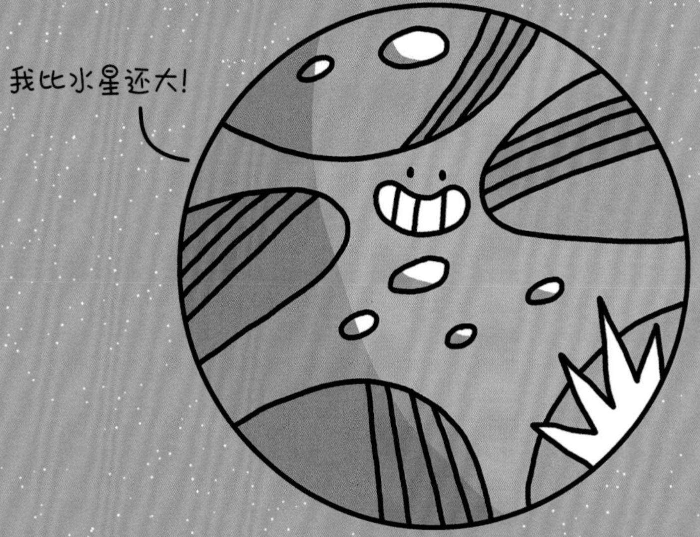
我比水星还大!

木星的囚徒

木卫三是太阳系中最大的卫星。它的体形非常巨大，完全够格成为一颗行星。可惜的是，它围绕着另一颗行星（而不是太阳）运行，所以只能屈居卫星之位。

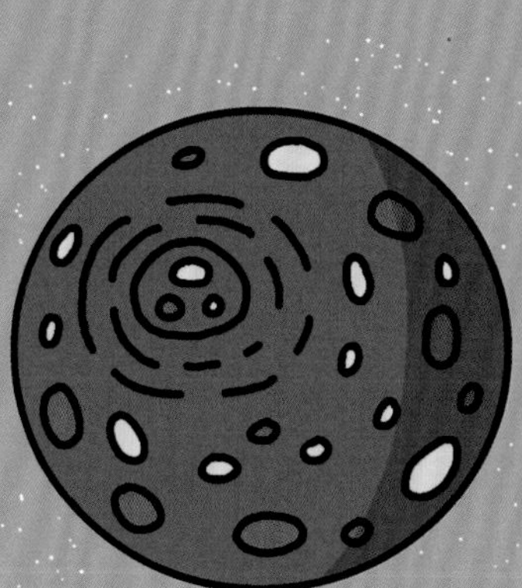

“炮火”连天

多年来，木卫四一直遭到许多陨星的撞击，使它“荣升”为太阳系陨击坑最多的天体。

木卫十六是木星运行速度最快的卫星
木卫五红得耀眼
木卫十四上有一个巨型火山口

小型卫星

木星的卫星非常多，有些较小的卫星甚至还没有名字。

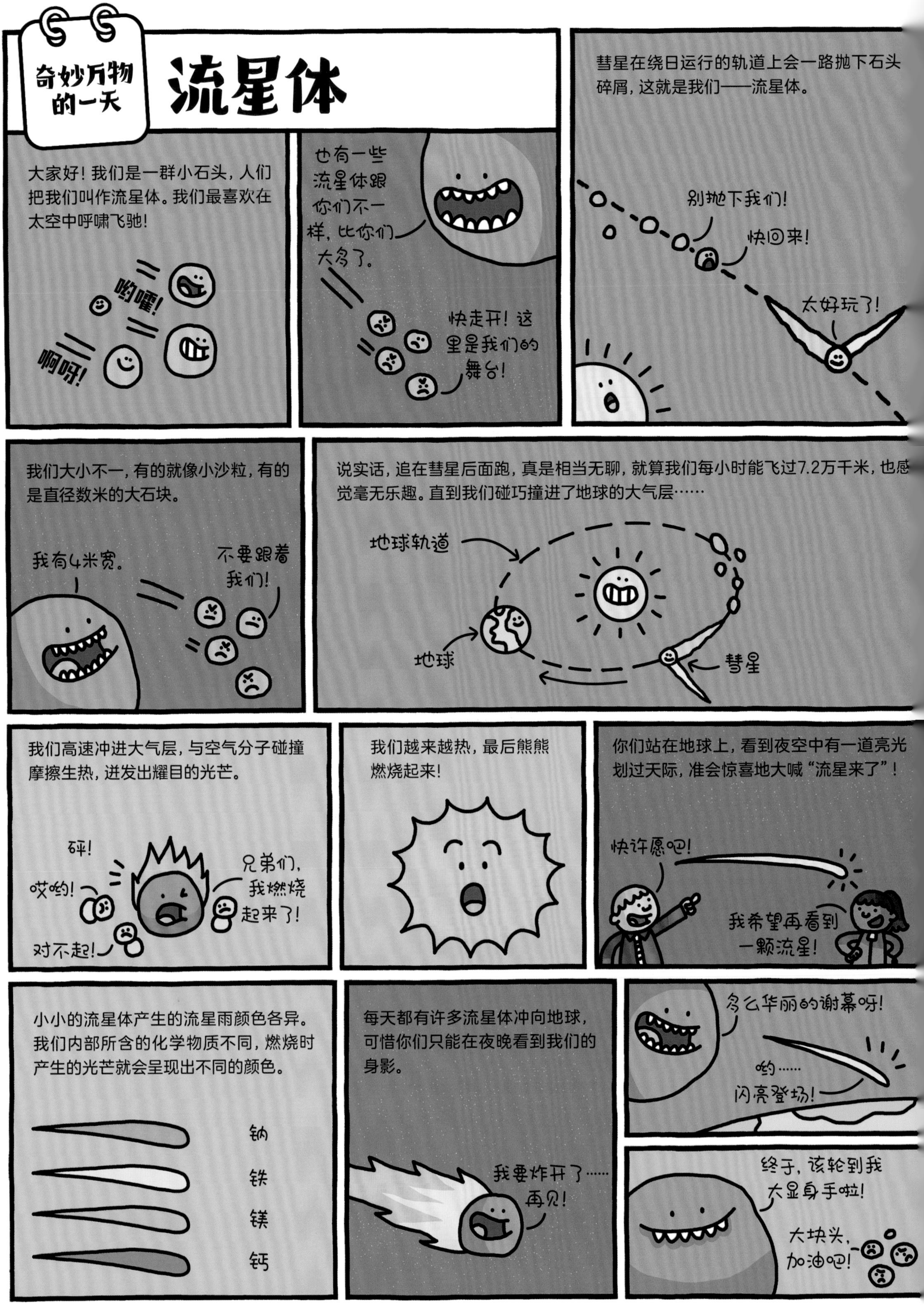
奇妙万物的一天
流星体
大家好！我们是一群小石头，人们把我们叫作流星体。我们最喜欢在太空中呼啸飞驰！
哟嚯！
啊呀！
也有一些流星体跟你们不一样，比你们大多了。
快走开！这里是我们的舞台！
彗星在绕日运行的轨道上会一路抛下石头碎屑，这就是我们——流星体。
别抛下我们！
快回来！
太好玩了！
我们大小不一，有的就像小沙粒，有的是直径数米的大石块。
我有4米宽。
不要跟着我们！
说实话，追在彗星后面跑，真是相当无聊，就算我们每小时能飞过7.2万千米，也感觉毫无乐趣。直到我们碰巧撞进了地球的大气层……
地球轨道
地球
彗星
我们高速冲进大气层，与空气分子碰撞摩擦生热，迸发出耀目的光芒。
砰！
哎哟！
对不起！
兄弟们，我燃烧起来了！
我们越来越热，最后熊熊燃烧起来！
你们站在地球上，看到夜空中有一道亮光划过天际，准会惊喜地大喊“流星来了”！
快许愿吧！
我希望再看到一颗流星！
小小的流星体产生的流星雨颜色各异。我们内部所含的化学物质不同，燃烧时产生的光芒就会呈现出不同的颜色。
钠
铁
镁
钙
每天都有许多流星体冲向地球，可惜你们只能在夜晚看到我们的身影。
我要炸开了……再见！
多么华丽的谢幕呀！
哟……闪亮登场！
终于，该轮到我大显身手啦！
大块头，加油吧！

奇妙万物的一天 陨星

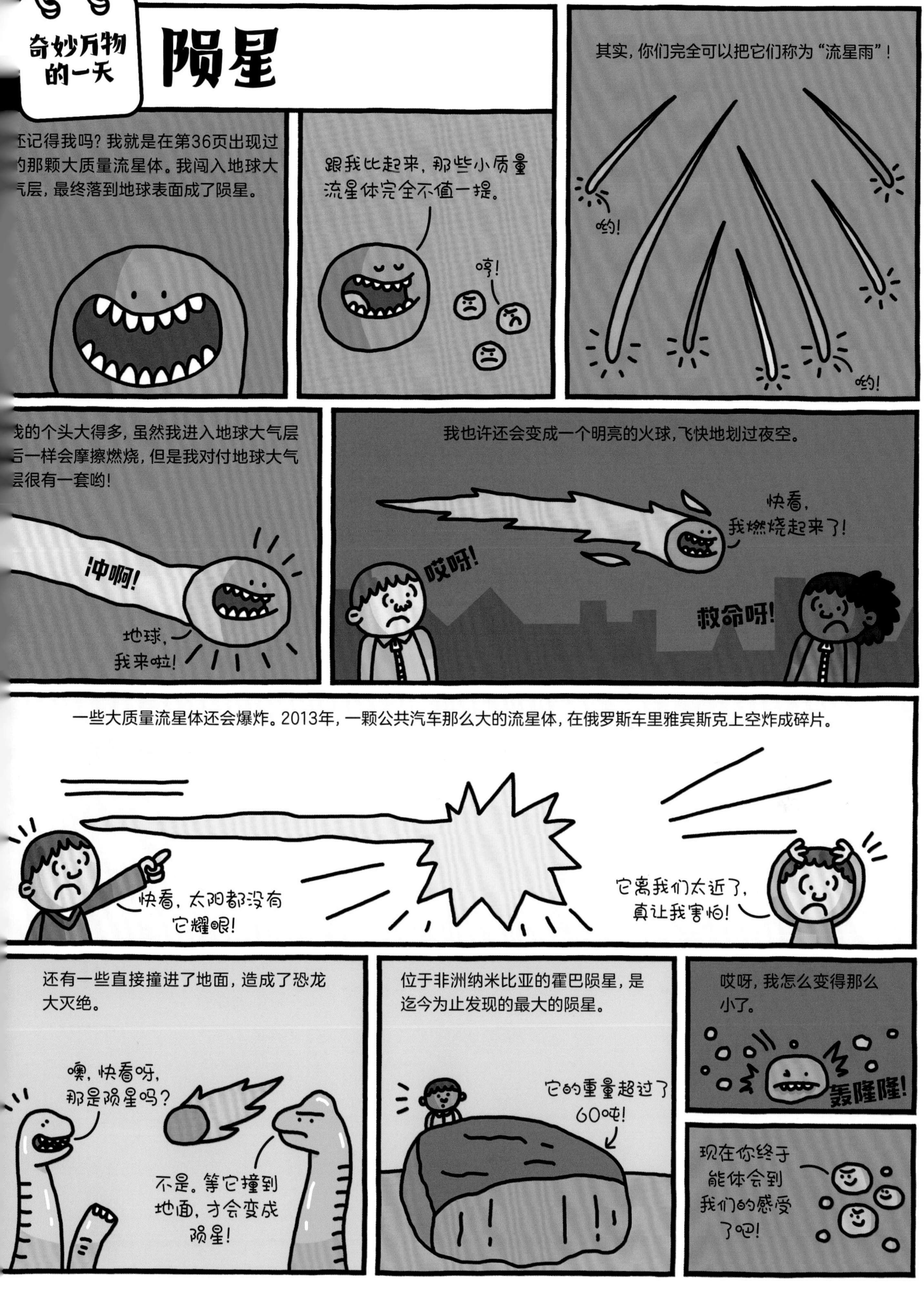

还记得我吗？我就是在第36页出现过的那颗大质量流星体。我闯入地球大气层，最终落到地球表面成了陨星。
跟我比起来，那些小质量流星体完全不值一提。
哼！
其实，你们完全可以把它们称为“流星雨”！
哟！
哟！
我的个头大得多，虽然我进入地球大气层后一样会摩擦燃烧，但是我对付地球大气层很有一套哟！
冲啊！
地球，我来啦！
我也许还会变成一个明亮的火球，飞快地划过夜空。
快看，我燃烧起来了！
哎呀！
救命呀！
一些大质量流星体还会爆炸。2013年，一颗公共汽车那么大的流星体，在俄罗斯车里雅宾斯克上空炸成碎片。
快看，太阳都没有它耀眼！
它离我们太近了，真让我害怕！
还有一些直接撞进了地面，造成了恐龙大灭绝。
噢，快看呀，那是陨星吗？
不是。等它撞到地面，才会变成陨星！
位于非洲纳米比亚的霍巴陨星，是迄今为止发现的最大的陨星。
它的重量超过了60吨！
哎呀，我怎么变得那么小了。
轰隆隆！
现在你终于能体会到我们的感受了吧！

奇妙万物的一天 冰粒星环

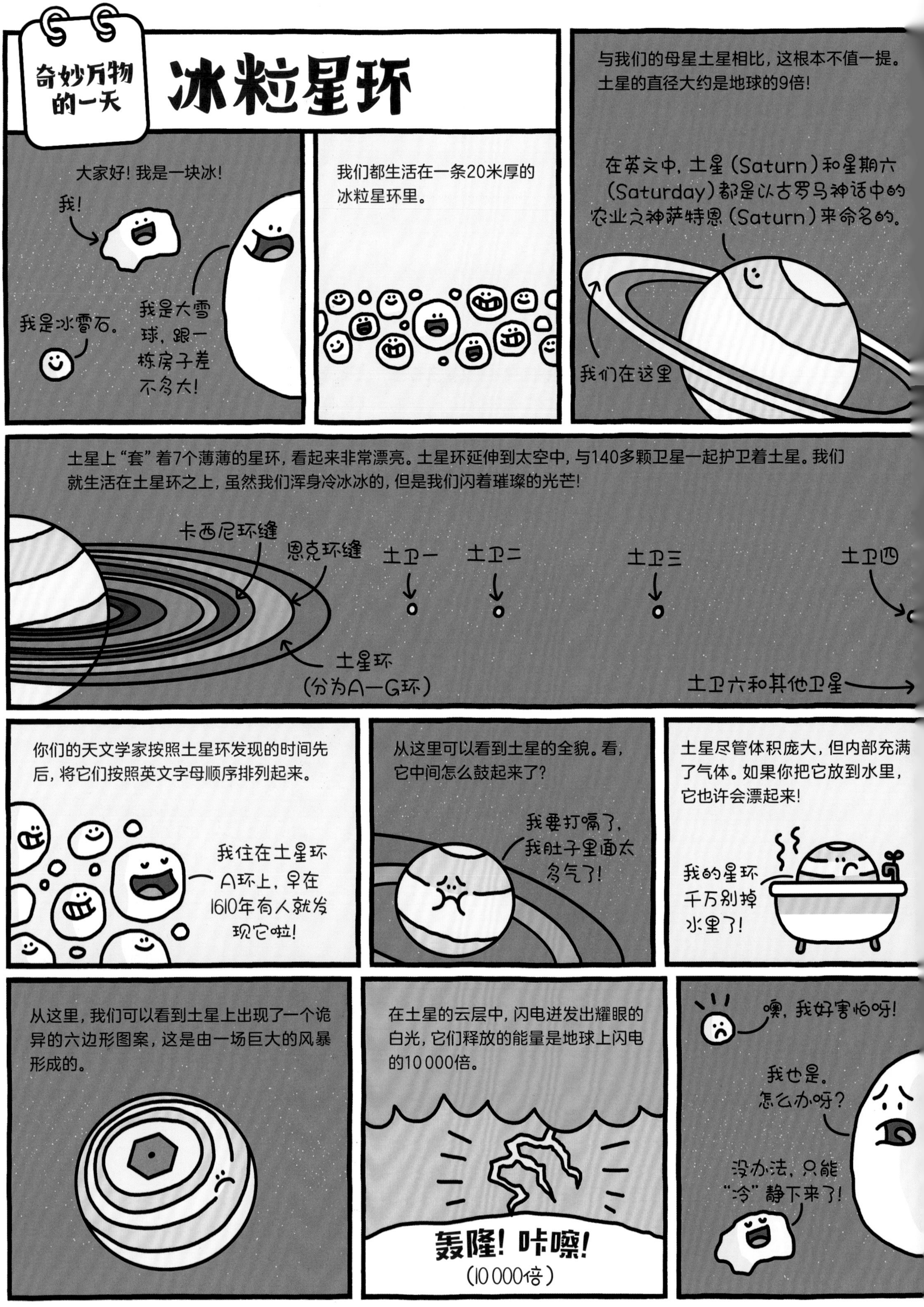

大家好！我是一块冰！
我！
我是冰雹石。
我是大雪球，跟一栋房子差不多大！
我们都生活在一条20米厚的冰粒星环里。
与我们的母星土星相比，这根本不值一提。土星的直径大约是地球的9倍！
在英文中，土星（Saturn）和星期六（Saturday）都是以古罗马神话中的农业之神萨特恩（Saturn）来命名的。
我们在这里
土星上“套”着7个薄薄的星环，看起来非常漂亮。土星环延伸到太空中，与140多颗卫星一起护卫着土星。我们就生活在土星环之上，虽然我们浑身冷冰冰的，但是我们闪着璀璨的光芒！
卡西尼环缝
恩克环缝
土卫一
土卫二
土卫三
土卫四
土星环（分为A—G环）
土卫六和其他卫星
你们的天文学家按照土星环发现的时间先后，将它们按照英文字母顺序排列起来。
我住在土星环A环上，早在1610年有人就发现它啦！
从这里可以看到土星的全貌。看，它中间怎么鼓起来了？
我要打嗝了，我肚子里面太多气了！
土星尽管体积庞大，但内部充满了气体。如果你把它放到水里，它也许会漂起来！
我的星环千万别掉水里了！
从这里，我们可以看到土星上出现了一个诡异的六边形图案，这是由一场巨大的风暴形成的。
在土星的云层中，闪电迸发出耀眼的白光，它们释放的能量是地球上闪电的10 000倍。
轰隆！咔嚓！
（10 000倍）
噢，我好害怕呀！
我也是。怎么办呀？
没办法，只能“冷”静下来了！

拓展知识

众星拱“土”

人类已经知道土星有140多颗卫星，还有许多超小卫星。大多数卫星没有名字，但有几颗卫星在太阳系中非常神秘有趣，比如我们接下来要聊的五颗卫星。

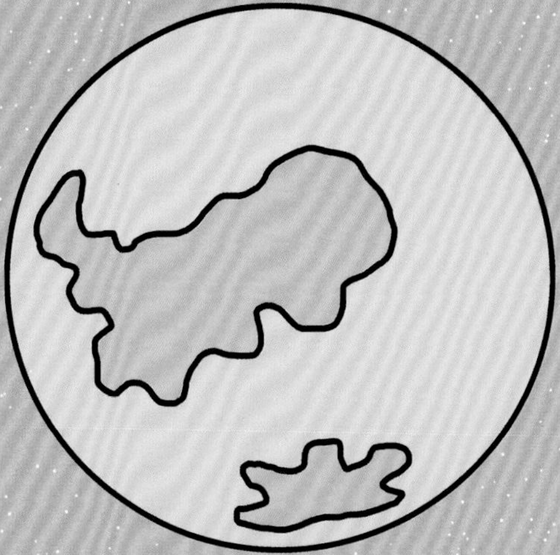

巨大无比！

土卫六又叫泰坦星，是土星最大的卫星。它的体积甚至比水星还大！围绕土星运行的天体众多，它竟然占这些天体总质量的96%。泰坦星的表面下可能隐藏着一片海洋。那里是否有生命存在呢？

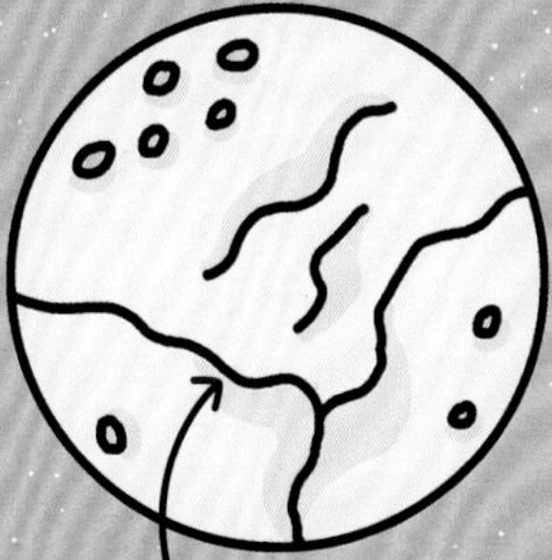
土卫二南极有一条大裂缝，被称为“虎纹”

闪亮登场

土卫二周身被冰雪覆盖，是太阳系中最闪亮的卫星。人们认为它的冰面下可能也隐藏着一片海洋。

赫歇尔陨击坑

现实版的死星？

土卫一上有一个大陨击坑，这让这一卫星很像《星球大战》系列电影中死星的模样。其实，在这部电影上映三年后，天文学家才发现了这个陨击坑。

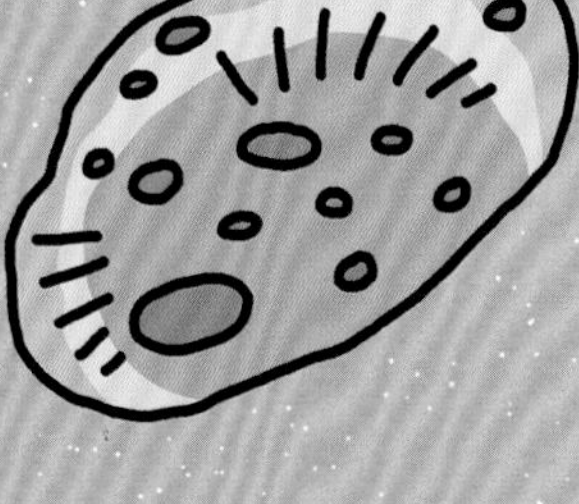

尽情摇摆

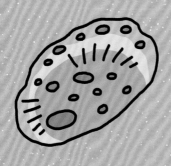

土卫七表面遍布陨击坑，看起来很像海绵。科学家之所以特别关注它，是因为它在环绕土星运行时，会较大幅度地摇摆，看起来很奇怪。

举足轻重

土卫十八是一颗小型“牧羊人卫星”，它的运行能够保护土星环A环，使上面的冰粒不会破裂四散。

拓展知识

躺着转的天王星

天王星是一个巨大的冰球，也是太阳系中唯一“躺着”旋转的行星。在良好的天气条件下，肉眼勉强能看到它，但也仅仅只是看见。

天王星为什么是蓝色的？

天王星的大气层主要由氢、氦和少量的甲烷构成。甲烷使这颗行星呈现出明显的蓝绿色。

美丽的光环在哪里？

天王星的13个暗环非常暗淡，直至1977年，人们才发现它们的存在。要知道，早在近200年前，天文学家就已经发现这颗行星了。

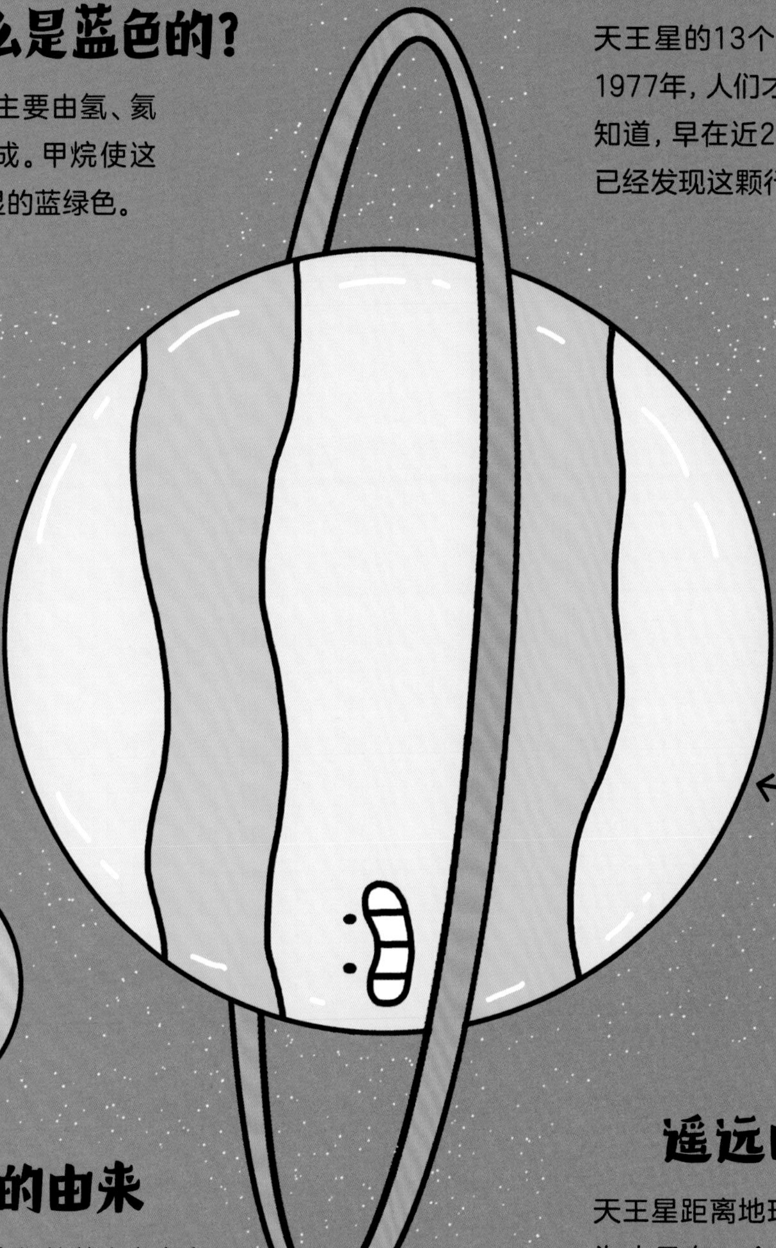
天王星之所以会躺着转，据推测是因为多年前一颗行星曾撞击了它

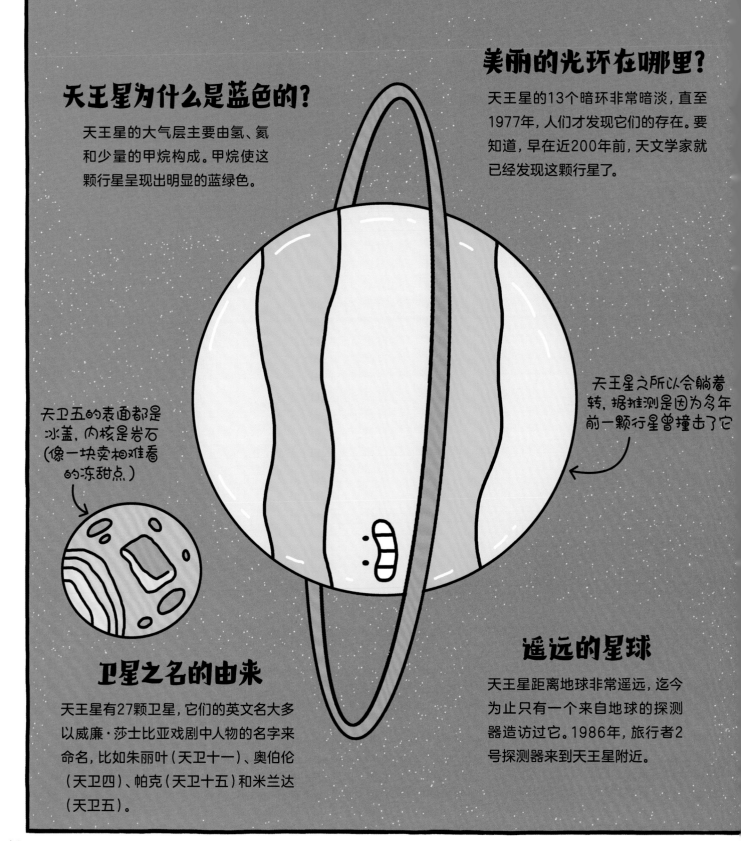

天卫五的表面都是冰盖，内核是岩石（像一块卖相难看的冻甜点）

卫星之名的由来

天王星有27颗卫星，它们的英文名大多以威廉·莎士比亚戏剧中人物的名字来命名，比如朱丽叶（天卫十一）、奥伯伦（天卫四）、帕克（天卫十五）和米兰达（天卫五）。

遥远的星球

天王星距离地球非常遥远，迄今为止只有一个来自地球的探测器造访过它。1986年，旅行者2号探测器来到天王星附近。

孤独星球

海王星距离太阳45亿千米，是太阳系中第八大行星，也是最遥远的一颗行星。这个巨大的冰球沿着漫长的轨道运行，绕日旋转一周需要花费165个地球年。海王星与太阳的距离十分遥远，由于缺乏太阳光的“眷顾”，它自然就成了太阳系中最冷的行星，温度可低至-200℃。

海王星也是蓝色的

与天王星一样，海王星的大气层也含有甲烷气体，使它呈现出奇异的蓝色。

噗！

黑色的条纹

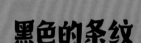

海王星至少有14颗卫星。海卫一是它最大的一颗卫星，上面有巨大的间歇泉，不断喷射出黑漆漆的冰冻物质，温度可低至-235℃。

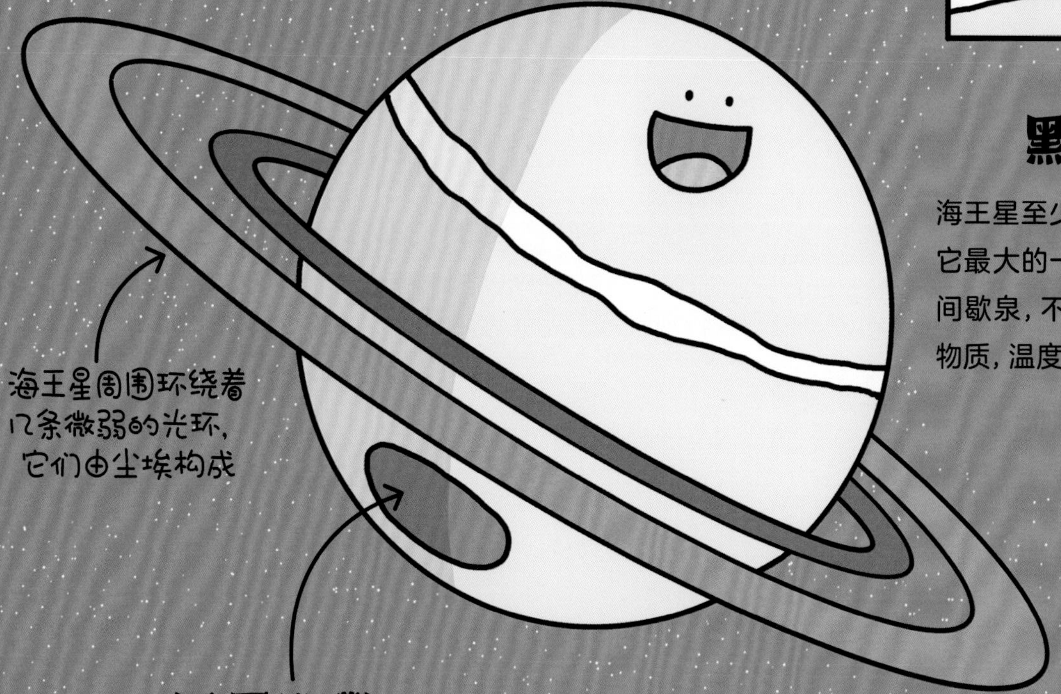
海王星周围环绕着
几条微弱的光环，
它们由尘埃构成

风暴预警

在太阳系中，最凶猛的风暴都发生在海王星上，风暴的最高风速可达每小时2 000千米。1989年，人类首次发现大黑斑，这是一场地球般大小的剧烈风暴。

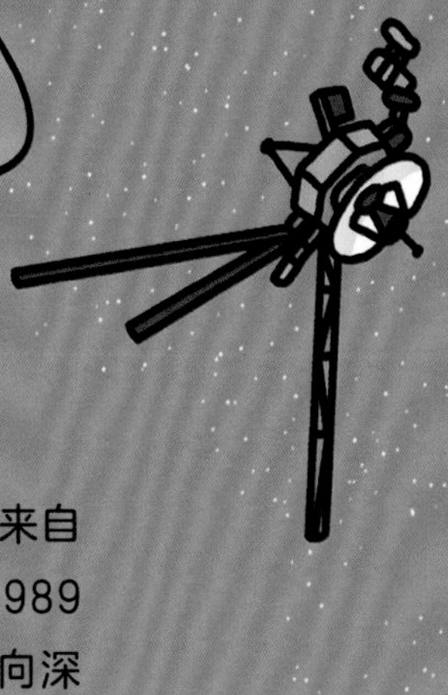

想念你！

人类对海王星的了解，基本来自旅行者2号探测器的记录。1989年，它飞掠海王星，然后飞向深空，离开了太阳系。

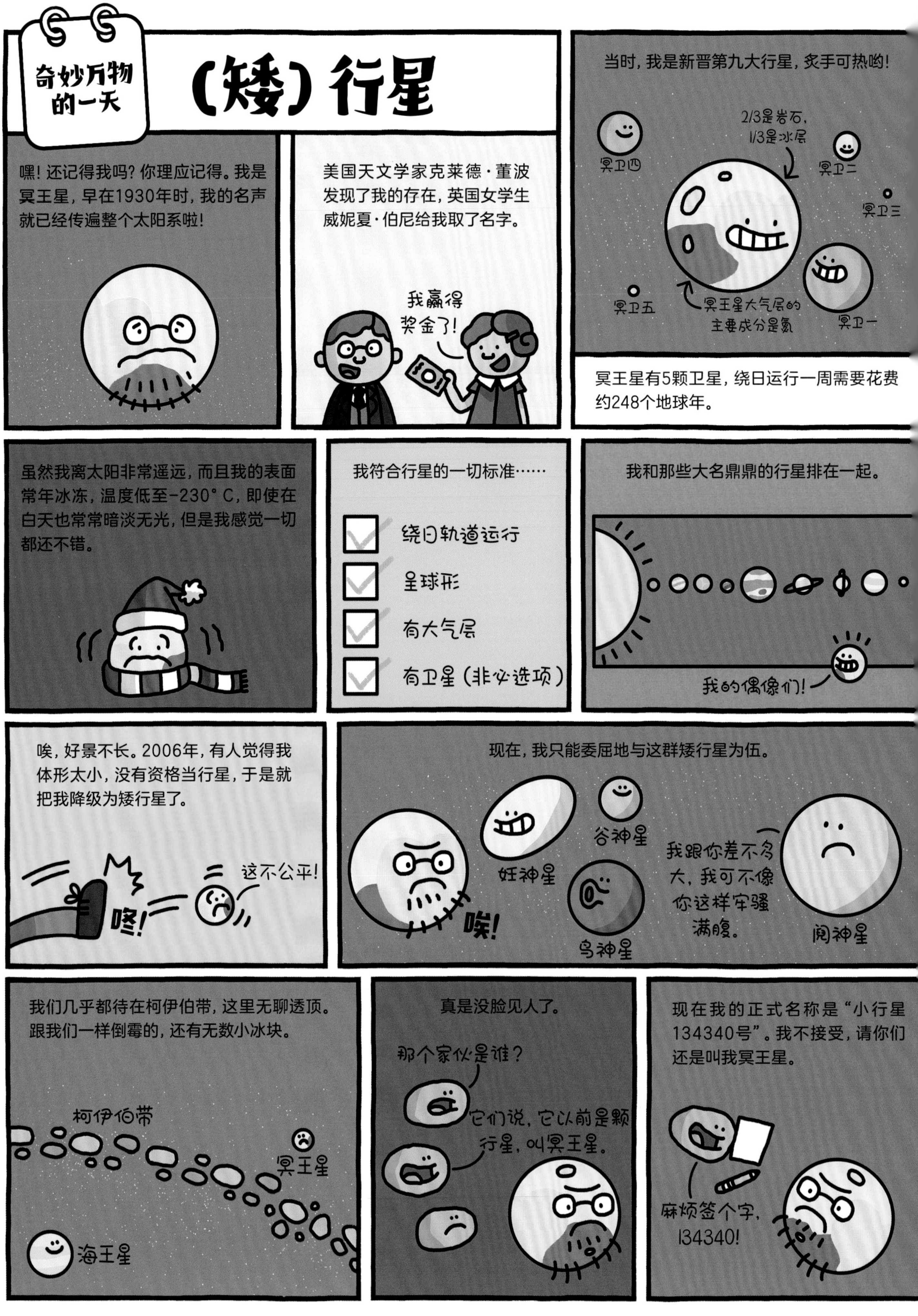
奇妙万物的一天
(矮)行星
嘿!还记得我吗?你理应记得。我是冥王星,早在1930年时,我的名声就已经传遍整个太阳系啦!
美国天文学家克莱德·董波发现了我的存在,英国女学生威妮夏·伯尼给我取了名字。
我赢得奖金了!
当时,我是新晋第九大行星,炙手可热哟!
冥卫四
2/3是岩石,1/3是冰层
冥卫二
冥卫三
冥卫五
冥王星大气层的主要成分是氮
冥卫一
冥王星有5颗卫星,绕日运行一周需要花费约248个地球年。
虽然我离太阳非常遥远,而且我的表面常年冰冻,温度低至-230°C,即使在白天也常常暗淡无光,但是我感觉一切都还不错。
我符合行星的一切标准……
绕日轨道运行
呈球形
有大气层
有卫星(非必选项)
我和那些大名鼎鼎的行星排在一起。
我的偶像们!
唉,好景不长。2006年,有人觉得我体形太小,没有资格当行星,于是就把我降级为矮行星了。
咚!
这不公平!
现在,我只能委屈地与这群矮行星为伍。
谷神星
妊神星
唉!
鸟神星
我跟你差不多大,我可不像你这样牢骚满腹。
阋神星
我们几乎都待在柯伊伯带,这里无聊透顶。跟我们一样倒霉的,还有无数小冰块。
柯伊伯带
冥王星
海王星
真是没脸见人了。
那个家伙是谁?
它们说,它以前是颗行星,叫冥王星。
现在我的正式名称是"小行星134340号"。我不接受,请你们还是叫我冥王星。
麻烦签个字,134340!

太空

如果你离开太阳系，进入外面的大千世界探险，你将会发现各种彗星、星座、星云和中子星，还有许多未解之谜在前方静待你的到来！

尽管我们已有空间探测器和空间望远镜，但是人类对太空仍旧一知半解，它就像黑洞一样，将任何试图靠近之物吞噬得一干二净。抓紧了，现在你马上就要进入太空了。

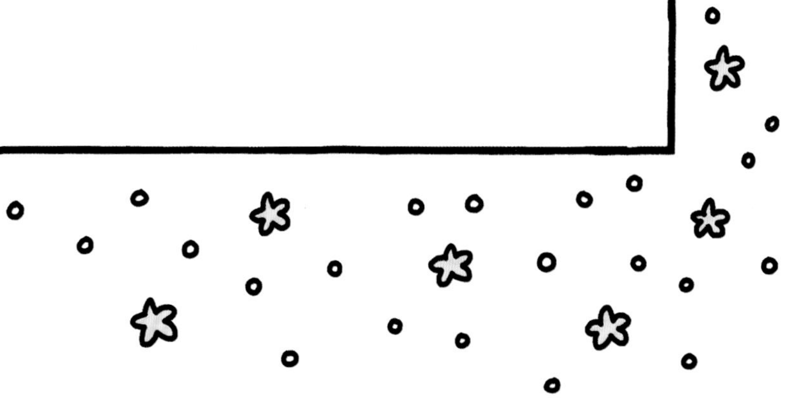

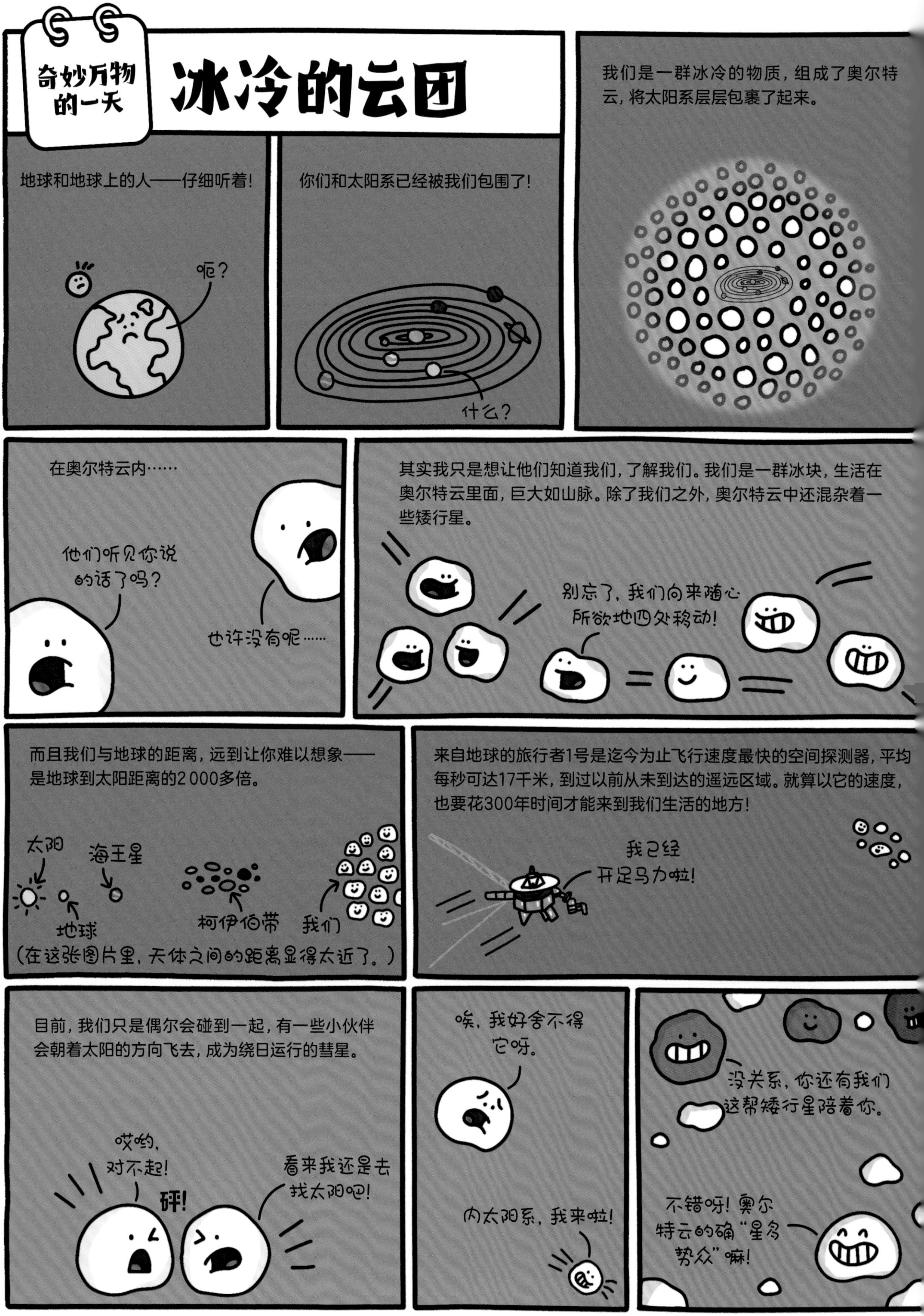

奇妙万物的一天
冰冷的云团
地球和地球上的人——仔细听着！
呃？
你们和太阳系已经被我们包围了！
什么？
我们是一群冰冷的物质，组成了奥尔特云，将太阳系层层包裹了起来。
在奥尔特云内……
他们听见你说的话了吗？
也许没有呢……
其实我只是想让他们知道我们，了解我们。我们是一群冰块，生活在奥尔特云里面，巨大如山脉。除了我们之外，奥尔特云中还混杂着一些矮行星。
别忘了，我们向来随心所欲地四处移动！
而且我们与地球的距离，远到让你难以想象——是地球到太阳距离的2 000多倍。
太阳
海王星
地球
柯伊伯带
我们
（在这张图片里，天体之间的距离显得太近了。）
来自地球的旅行者1号是迄今为止飞行速度最快的空间探测器，平均每秒可达17千米，到过以前从未到达的遥远区域。就算以它的速度，也要花300年时间才能来到我们生活的地方！
我已经开足马力啦！
目前，我们只是偶尔会碰到一起，有一些小伙伴会朝着太阳的方向飞去，成为绕日运行的彗星。
哎哟，对不起！
砰！
看来我还是去找太阳吧！
唉，我好舍不得它呀。
内太阳系，我来啦！
没关系，你还有我们这帮矮行星陪着你。
不错呀！奥尔特云的确“星多势众”嘛！

拓展知识　会飞的脏雪球

早期人类看见彗星划过天际，会觉得它们十分神秘可怕。今天，我们知道彗星不过就是巨型的脏雪球而已，因为它们由冰冻气体、岩石和太阳系形成初期的尘埃构成。当彗星接近太阳时，它就会长出一条长尾巴。这条尾巴如此耀眼，就算是白天，地球上的人们也能看到它！

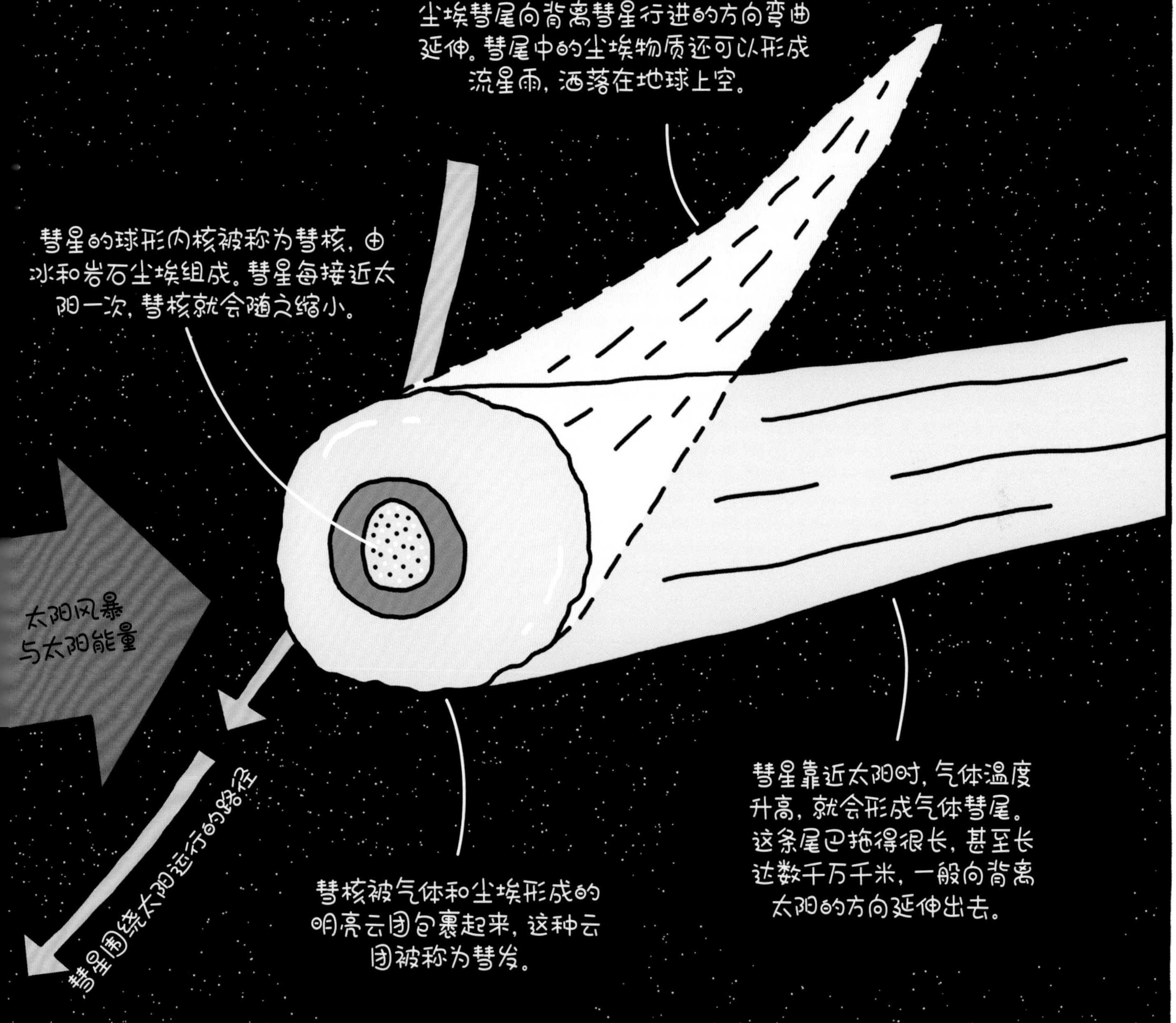

尘埃彗尾向背离彗星行进的方向弯曲延伸。彗尾中的尘埃物质还可以形成流星雨，洒落在地球上空。
彗星的球形内核被称为彗核，由冰和岩石尘埃组成。彗星每接近太阳一次，彗核就会随之缩小。
太阳风暴与太阳能量
彗星靠近太阳时，气体温度升高，就会形成气体彗尾。这条尾巴拖得很长，甚至长达数千万千米，一般向背离太阳的方向延伸出去。
彗核被气体和尘埃形成的明亮云团包裹起来，这种云团被称为彗发。
彗星围绕太阳运行的路径

扫帚星的秘密日记

摘自哈雷彗星*的日记。每隔75—76年，人们就能在地球上用肉眼看到这颗彗星的身影。

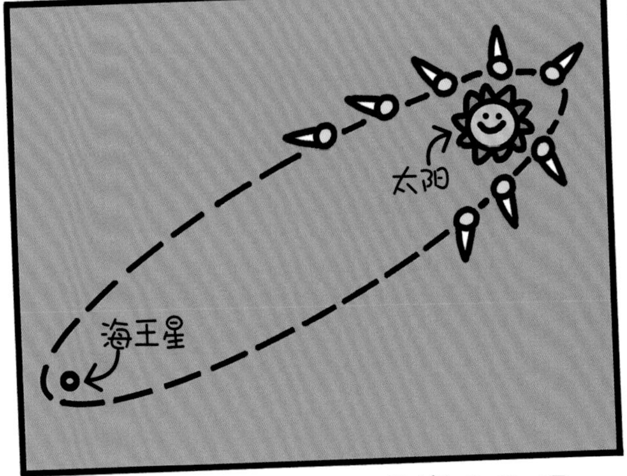

太阳
海王星

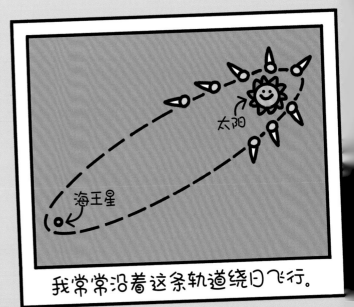

我常常沿着这条轨道绕日飞行。

1066年2月

我一路摇摇摆摆，来到海王星以外的太空晃荡了一圈，最后又返回绕着太阳飞行。这一段旅行结束后，几千年时光已然过去。我决定还是写本日记，以后老了还能翻出来回忆我的“青葱岁月”。地球上有一些人似乎认为，看到我是个坏兆头，这真是太令我难过了。英格兰的新任国王哈罗德非常不愿意看到我，那时他常常如坐针毡，时刻防备诺曼底的威廉公爵入侵他的国家。我想，再过75年，我会再次经过地球上空，我就会知道这场权力之争的胜利者到底是谁了！

1222年9月

哎呀！我似乎漏掉了一篇日记。但我可以告诉你，哈罗德国王输掉了那场战争。不过，这对我来说是个好消息。威廉当上了英格兰国王，被称为威廉一世。我从哈罗德的头顶上飞过的样子，也出现在一幅精美的贝叶挂毯中。真是棒极了，对吧？其实，我没有太多奢望，只是希望地球上的人类别再叫我“扫帚星”了。

* 关于彗星，参见第45页。

1759年5月

最后，有人给我取了个恰当的名字！几年前，一位睿智的英国天文学家埃德蒙多·哈雷发现，每隔75—76年，同一颗彗星（也就是我）就会飞过地球上空。因此，我被冠以他的名字，人们都叫我“哈雷彗星”。

埃德蒙多·哈雷

1910年4月

那些地球人疯了吧！他们发现，这次我飞过地球时，彗尾会横扫地球（好吧，我的尾巴有4 800万千米长！）。有些人觉得我有剧毒，很怕我会毒死他们。有些人甚至购买了防毒面具、“抗彗星”药片和雨伞，来躲避我这个“瘟神”。他们非要这样固执的话，我开始怀疑我还有没有必要再去地球了！

不要看上面！

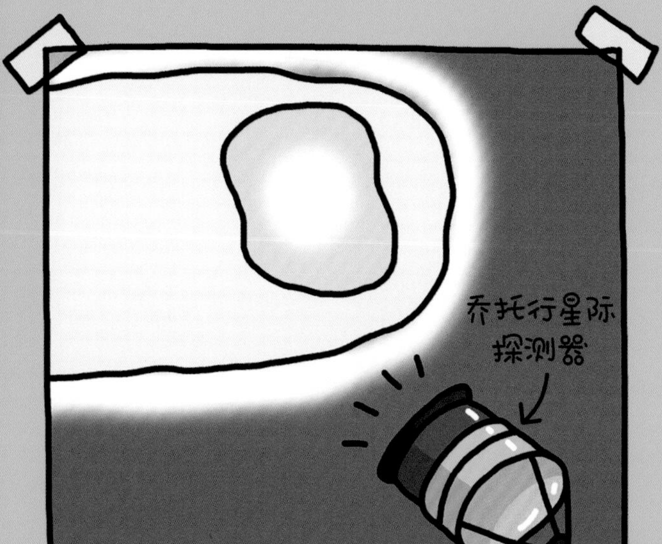

乔托行星际探测器

1986年3月

哇！迎接我的场面真是太盛大了！这次，日本、美国、苏联等国家及欧洲委员会都派出了宇宙飞船迎接我呢。乔托行星际探测器显示我的内核是石块，约15千米长，长得像花生一样。这下可好，现在他们都改口叫我“脏雪球”，还不如叫我“扫帚星”呢。我得走了，2061年再见吧！

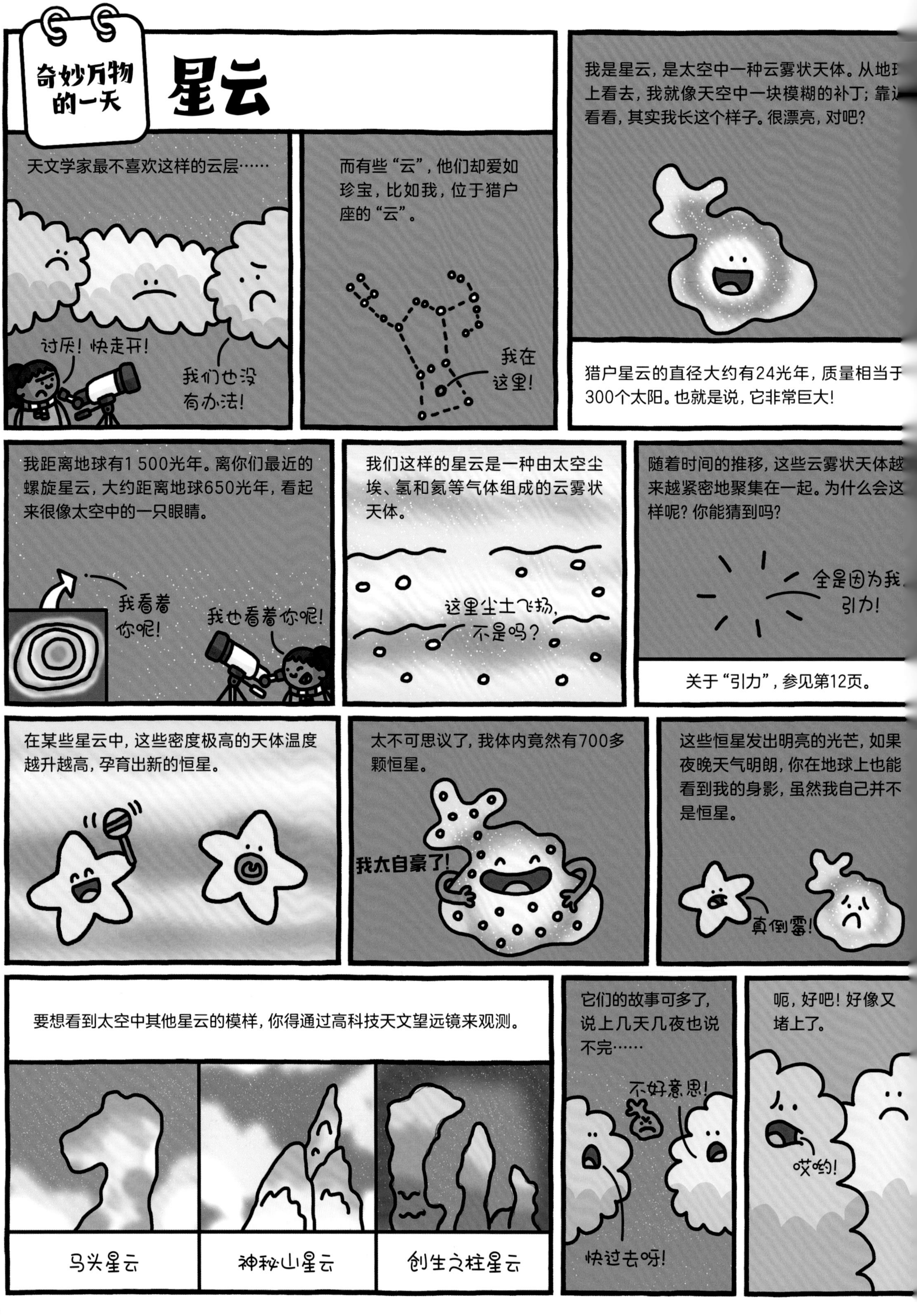

奇妙万物的一天
星云
我是星云，是太空中一种云雾状天体。从地
上看去，我就像天空中一块模糊的补丁；靠
看看，其实我长这个样子。很漂亮，对吧？
天文学家最不喜欢这样的云层……
讨厌！快走开！
我们也没有办法！
而有些“云”，他们却爱如珍宝，比如我，位于猎户座的“云”。
我在这里！
猎户星云的直径大约有24光年，质量相当于300个太阳。也就是说，它非常巨大！
我距离地球有1 500光年。离你们最近的螺旋星云，大约距离地球650光年，看起来很像太空中的一只眼睛。
我看着你呢！
我也看着你呢！
我们这样的星云是一种由太空尘埃、氢和氦等气体组成的云雾状天体。
这里尘土飞扬，不是吗？
随着时间的推移，这些云雾状天体越来越紧密地聚集在一起。为什么会这样呢？你能猜到吗？
全是因为我
引力！
关于“引力”，参见第12页。
在某些星云中，这些密度极高的天体温度越升越高，孕育出新的恒星。
太不可思议了，我体内竟然有700多颗恒星。
我太自豪了！
这些恒星发出明亮的光芒，如果夜晚天气明朗，你在地球上也能看到我的身影，虽然我自己并不是恒星。
真倒霉！
要想看到太空中其他星云的模样，你得通过高科技天文望远镜来观测。
马头星云
神秘山星云
创生之柱星云
它们的故事可多了，说上几天几夜也说不完……
不好意思！
快过去呀！
呃，好吧！好像又堵上了。
哎哟！

拓展知识

绚丽的星云

星云是宇宙中最复杂、美丽的天体结构。哈勃空间望远镜（参见第100页）已经观测到数百个星云。下面将为你展示其中几个最奇特有趣的星云。

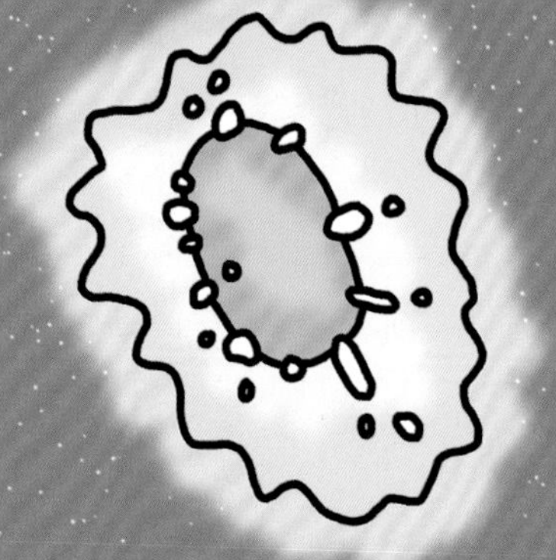

项链星云
距离地球15 000光年

臭蛋星云
距离地球5 000光年

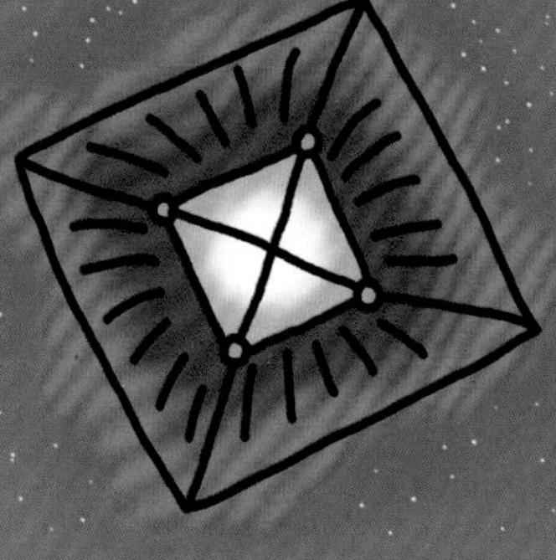

红方块星云
距离地球大约5 000光年

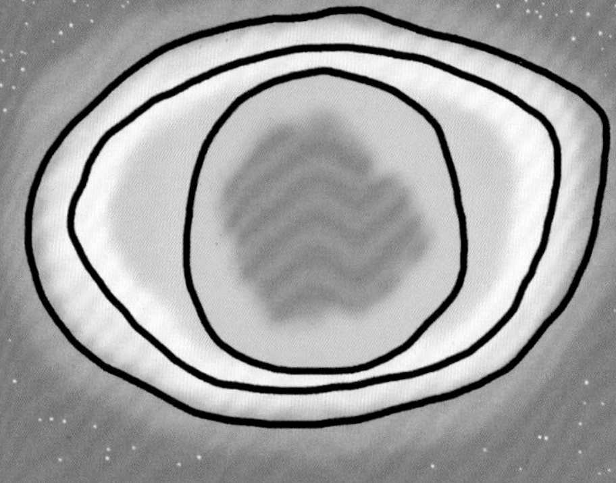

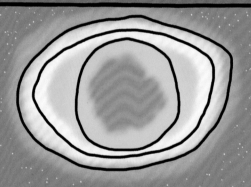

指环星云
距离地球大约2 000光年

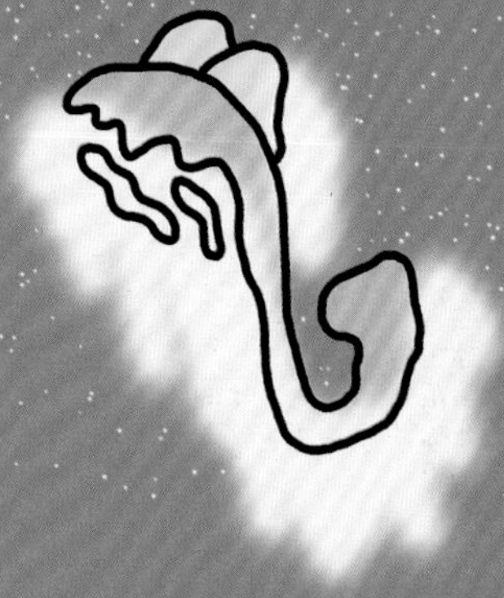

瀑布星云
距离地球1 500光年

上帝之手星云
距离地球17 000光年

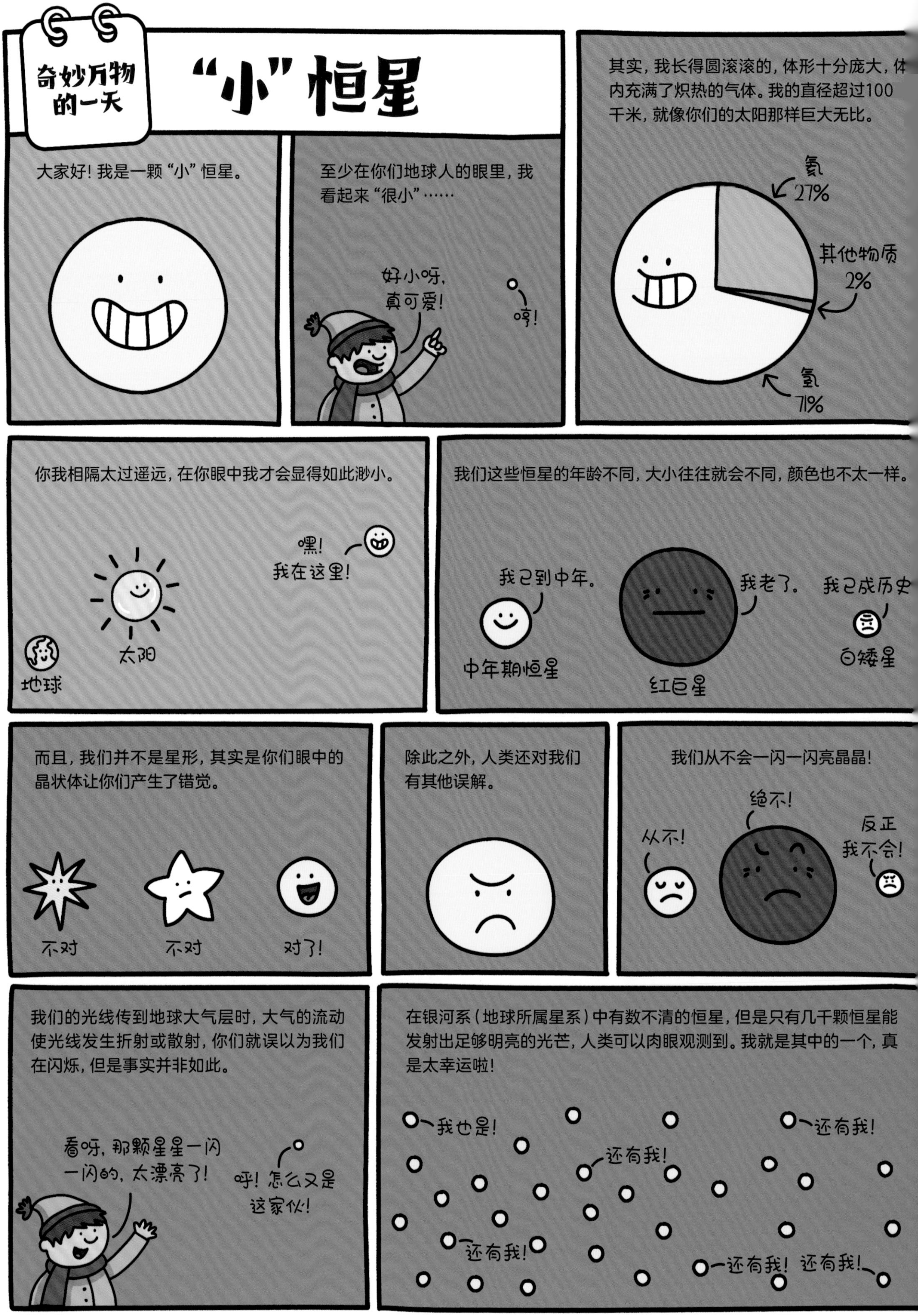

奇妙万物的一天
“小”恒星
大家好！我是一颗“小”恒星。
至少在你们地球人的眼里，我看起来“很小”……
好小呀，真可爱！
哼！
其实，我长得圆滚滚的，体形十分庞大，体内充满了炽热的气体。我的直径超过100千米，就像你们的太阳那样巨大无比。
氦 27%
其他物质 2%
氢 71%
你我相隔太过遥远，在你眼中我才会显得如此渺小。
嘿！我在这里！
太阳
地球
我们这些恒星的年龄不同，大小往往就会不同，颜色也不太一样。
我已到中年。
中年期恒星
我老了。
红巨星
我已成历史
白矮星
而且，我们并不是星形，其实是你们眼中的晶状体让你们产生了错觉。
不对
不对
对了！
除此之外，人类还对我们有其他误解。
我们从不会一闪一闪亮晶晶！
从不！
绝不！
反正我不会！
我们的光线传到地球大气层时，大气的流动使光线发生折射或散射，你们就误以为我们在闪烁，但是事实并非如此。
看呀，那颗星星一闪一闪的，太漂亮了！
呼！怎么又是这家伙！
在银河系（地球所属星系）中有数不清的恒星，但是只有几千颗恒星能发射出足够明亮的光芒，人类可以肉眼观测到。我就是其中的一个，真是太幸运啦！
我也是！
还有我！
还有我！
还有我！
还有我！
还有我！

拓展知识

恒星的故事

宇宙中有数万亿颗恒星。最初，气体和尘埃在引力的作用下聚拢在一起，渐渐形成了恒星。恒星的初始质量决定了它的演化结果。请你继续往下读，看看小质量恒星和大质量恒星的结局有多么不同。

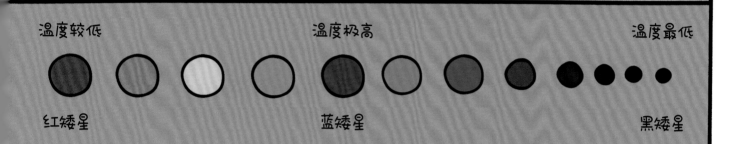

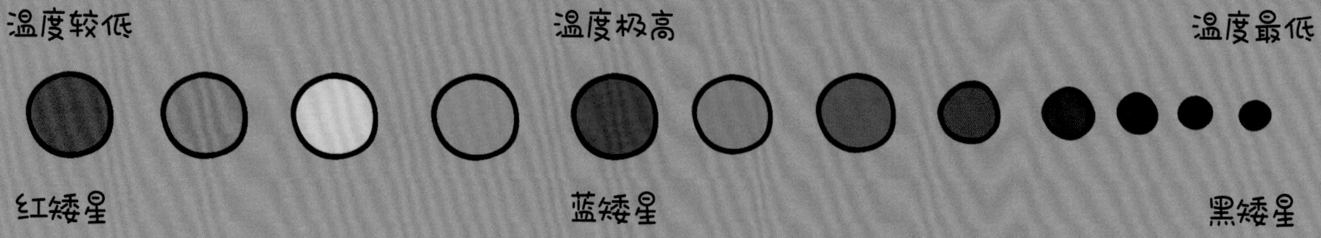
温度较低
温度极高
温度最低
红矮星
蓝矮星
黑矮星

始于“微小”

小质量恒星，又被称为红矮星，在形成初期大约只有太阳质量的四分之一，它的温度相对较低，显得暗淡无光。随着时间的推移，它们慢慢地变成蓝矮星，温度变得炽热无比。待到能量释放殆尽，它就会再次冷却，再也不会发光了，渐渐走到了生命尽头，最终成为毫无生机的黑矮星。

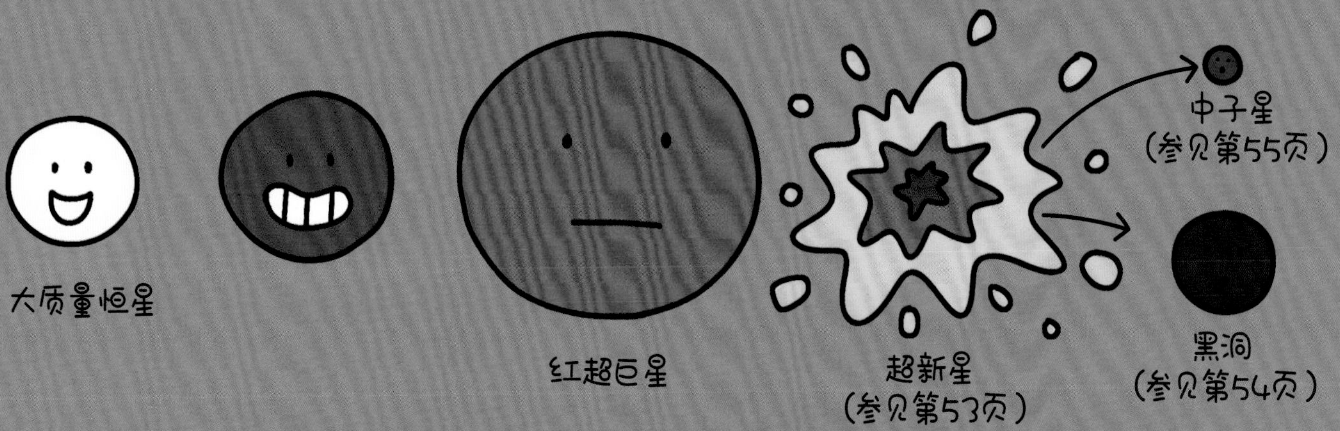
大质量恒星
红超巨星
超新星
（参见第53页）
中子星
（参见第55页）
黑洞
（参见第54页）

没入黑暗

大质量恒星在形成初期至少比太阳质量大八倍，但在短短几百万年（而不是几十亿年）内就燃烧殆尽。它们会变得通体火红，体积不断膨胀，最后耗尽了能量，在一场超新星爆发中死去。超新星爆发可能会形成黑洞或密度超高的中子星。砰！嘭！

在请翻到本书第52页，一个中等质量的恒星（太阳）会对你讲述它的故事。

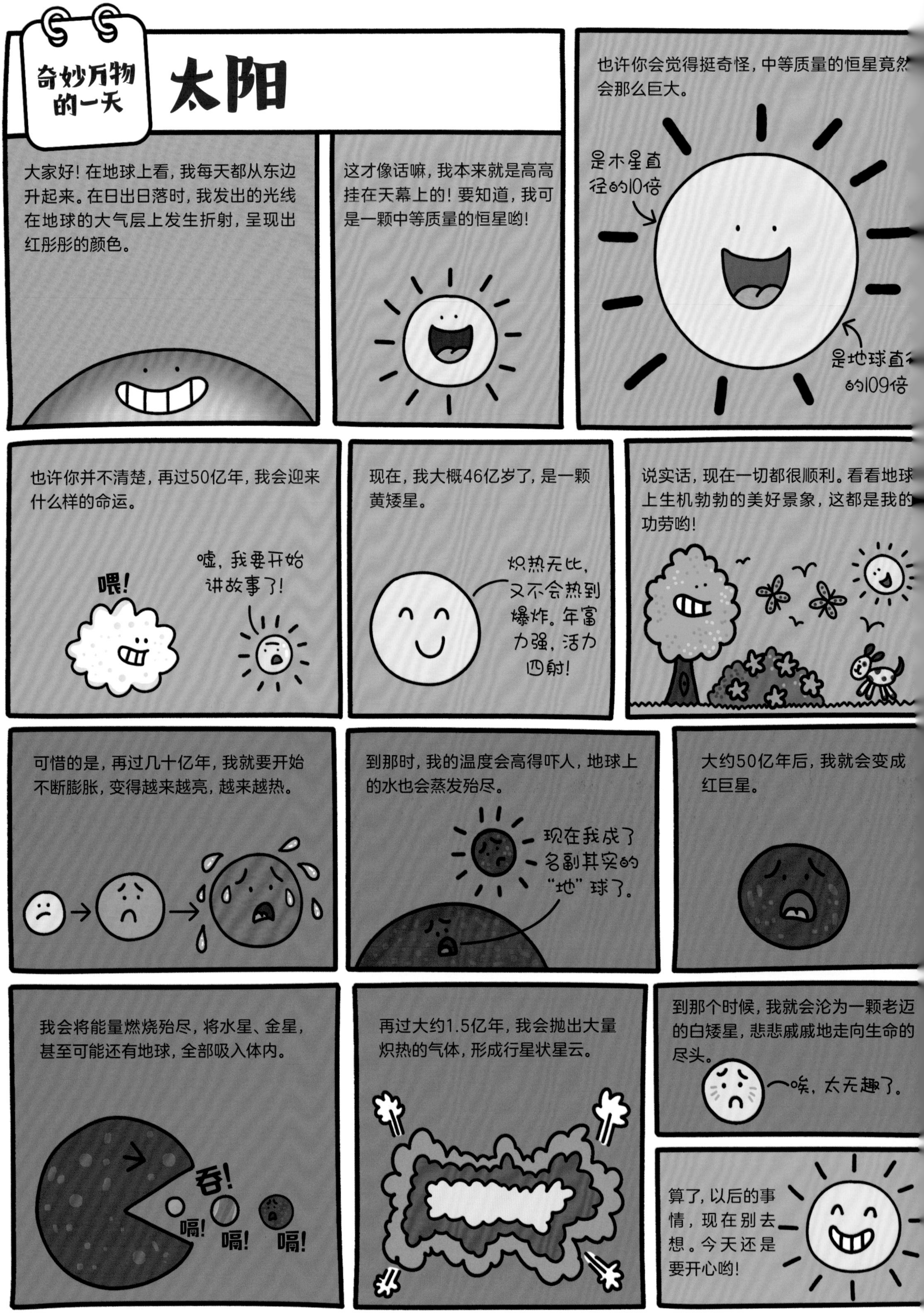

奇妙万物的一天
太阳
大家好！在地球上看，我每天都从东边升起来。在日出日落时，我发出的光线在地球的大气层上发生折射，呈现出红彤彤的颜色。
这才像话嘛，我本来就是高高挂在天幕上的！要知道，我可是一颗中等质量的恒星哟！
也许你会觉得挺奇怪，中等质量的恒星竟然会那么巨大。
是木星直径的10倍
是地球直
的109倍
也许你并不清楚，再过50亿年，我会迎来什么样的命运。
喂！
嘘，我要开始讲故事了！
现在，我大概46亿岁了，是一颗黄矮星。
炽热无比，又不会热到爆炸。年富力强，活力四射！
说实话，现在一切都很顺利。看看地球上生机勃勃的美好景象，这都是我的功劳哟！
可惜的是，再过几十亿年，我就要开始不断膨胀，变得越来越亮，越来越热。
到那时，我的温度会高得吓人，地球上的水也会蒸发殆尽。
现在我成了名副其实的“地”球了。
大约50亿年后，我就会变成红巨星。
我会将能量燃烧殆尽，将水星、金星，甚至可能还有地球，全部吸入体内。
吞！
嗝！
嗝！
嗝！
再过大约1.5亿年，我会抛出大量炽热的气体，形成行星状星云。
到那个时候，我就会沦为一颗老迈的白矮星，悲悲戚戚地走向生命的尽头。
唉，太无趣了。
算了，以后的事情，现在别去想。今天还是要开心哟！

奇妙万物的一天 星尘

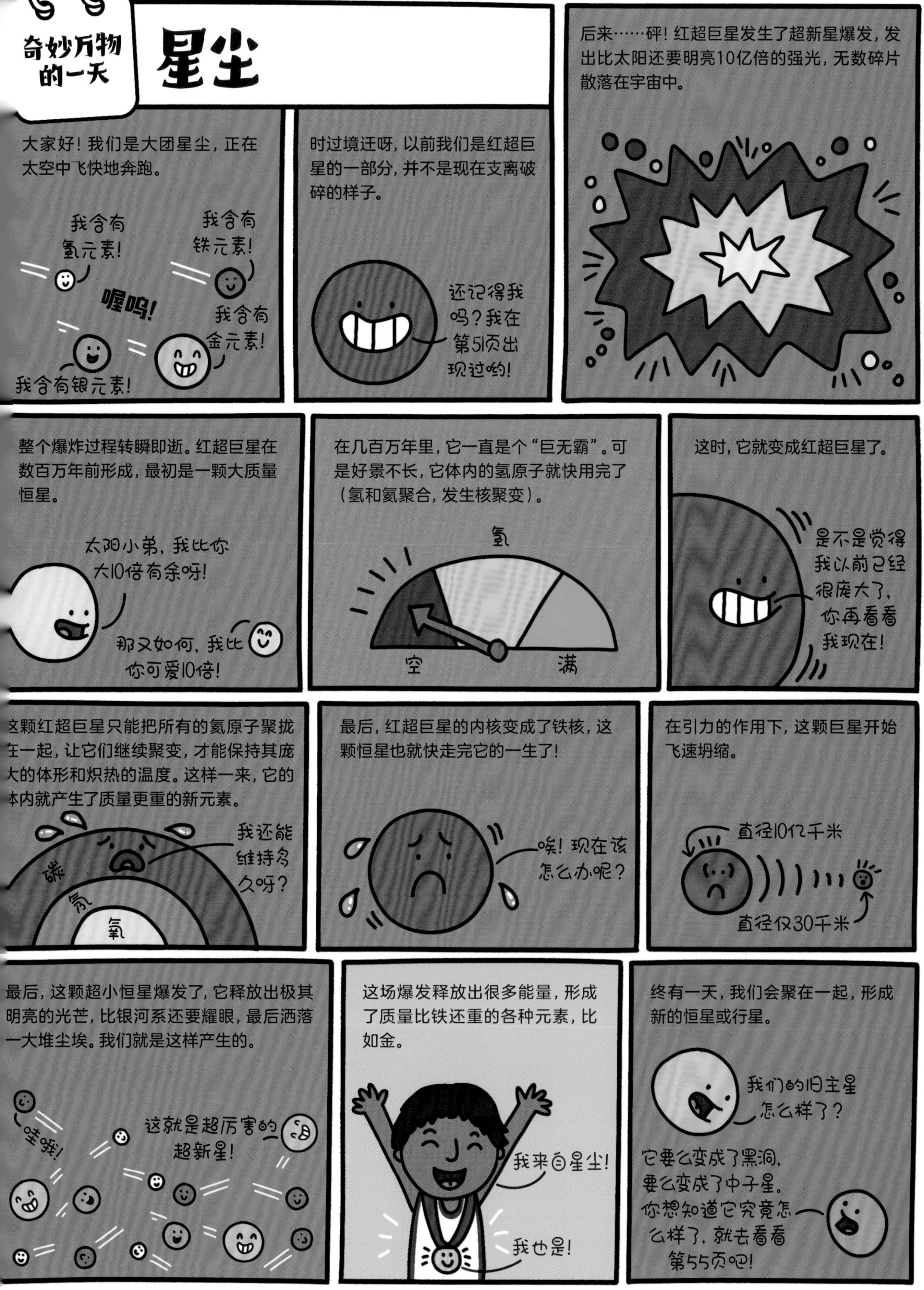
大家好！我们是大团星尘，正在太空中飞快地奔跑。
我含有氢元素！
我含有铁元素！
喔呜！
我含有金元素！
我含有银元素！
时过境迁呀，以前我们是红超巨星的一部分，并不是现在支离破碎的样子。
还记得我吗？我在第51页出现过哟！
后来……砰！红超巨星发生了超新星爆发，发出比太阳还要明亮10亿倍的强光，无数碎片散落在宇宙中。
整个爆炸过程转瞬即逝。红超巨星在数百万年前形成，最初是一颗大质量恒星。
太阳小弟，我比你大10倍有余呀！
那又如何，我比你可爱10倍！
在几百万年里，它一直是个“巨无霸”。可是好景不长，它体内的氢原子就快用完了（氢和氦聚合，发生核聚变）。
氢
空
满
这时，它就变成红超巨星了。
是不是觉得我以前已经很庞大了，你再看看我现在！
这颗红超巨星只能把所有的氦原子聚拢在一起，让它们继续聚变，才能保持其庞大的体形和炽热的温度。这样一来，它的体内就产生了质量更重的新元素。
我还能维持多久呀？
碳
氦
氧
最后，红超巨星的内核变成了铁核，这颗恒星也就快走完它的一生了！
唉！现在该怎么办呢？
在引力的作用下，这颗巨星开始飞速坍缩。
直径10亿千米
直径仅30千米
最后，这颗超小恒星爆发了，它释放出极其明亮的光芒，比银河系还要耀眼，最后洒落一大堆尘埃。我们就是这样产生的。
哇哦！
这就是超厉害的超新星！
这场爆发释放出很多能量，形成了质量比铁还重的各种元素，比如金。
我来自星尘！
我也是！
终有一天，我们会聚在一起，形成新的恒星或行星。
我们的旧主星怎么样了？
它要么变成了黑洞，要么变成了中子星。你想知道它究竟怎么样了，就去看看第55页吧！

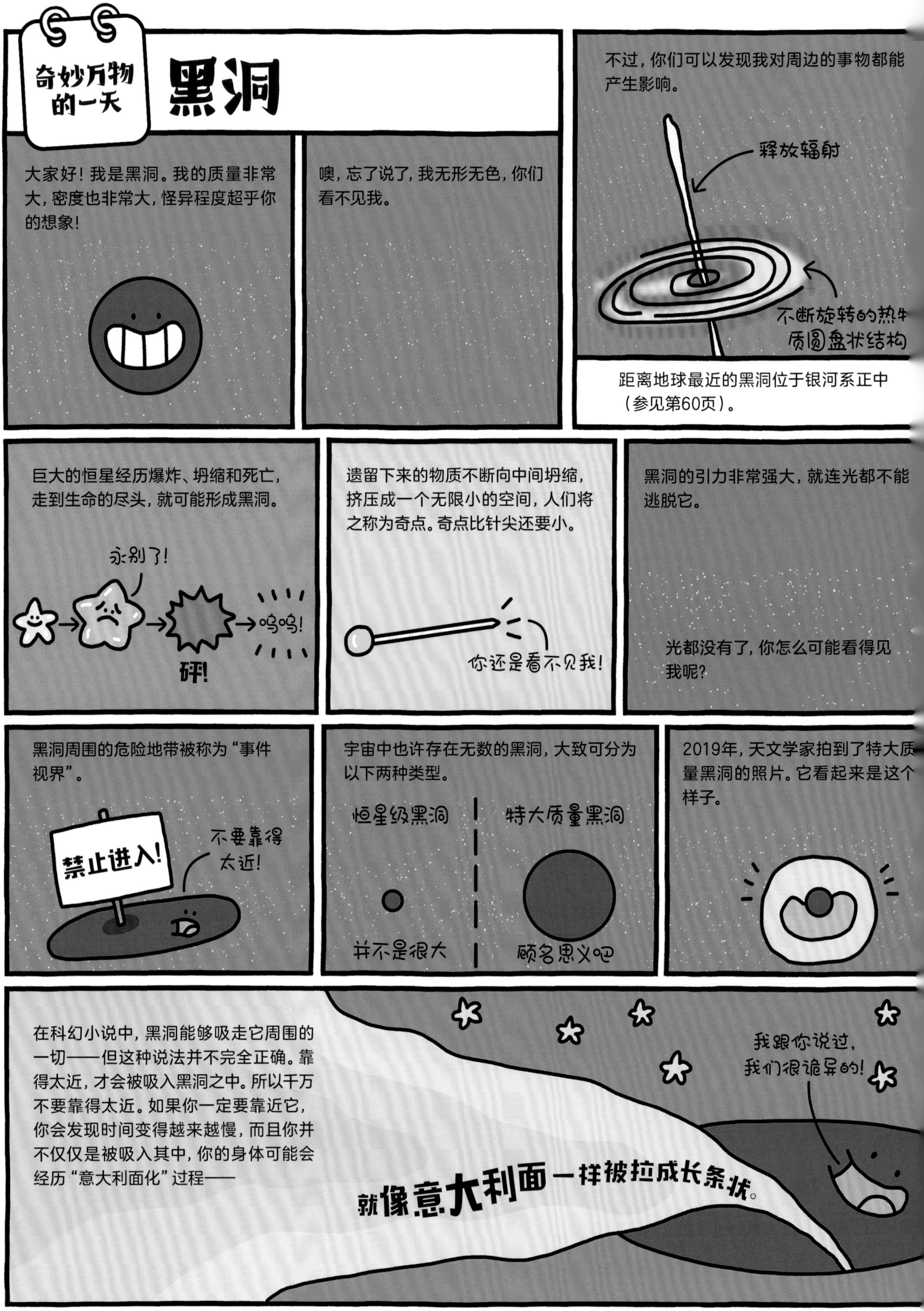
奇妙万物的一天
黑洞
大家好！我是黑洞。我的质量非常大，密度也非常大，怪异程度超乎你的想象！
噢，忘了说了，我无形无色，你们看不见我。
不过，你们可以发现我对周边的事物都能产生影响。
释放辐射
不断旋转的热
质圆盘状结构
距离地球最近的黑洞位于银河系正中（参见第60页）。
巨大的恒星经历爆炸、坍缩和死亡，走到生命的尽头，就可能形成黑洞。
永别了！
砰！
呜呜！
遗留下来的物质不断向中间坍缩，挤压成一个无限小的空间，人们将之称为奇点。奇点比针尖还要小。
你还是看不见我！
黑洞的引力非常强大，就连光都不能逃脱它。
光都没有了，你怎么可能看得见我呢？
黑洞周围的危险地带被称为“事件视界”。
禁止进入！
不要靠得太近！
宇宙中也许存在无数的黑洞，大致可分为以下两种类型。
恒星级黑洞
并不是很大
特大质量黑洞
顾名思义吧
2019年，天文学家拍到了特大质量黑洞的照片。它看起来是这个样子。
在科幻小说中，黑洞能够吸走它周围的一切——但这种说法并不完全正确。靠得太近，才会被吸入黑洞之中。所以千万不要靠得太近。如果你一定要靠近它，你会发现时间变得越来越慢，而且你并不仅仅是被吸入其中，你的身体可能会经历“意大利面化”过程——
就像意大利面一样被拉成长条状。
我跟你说过，我们很诡异的！

僵尸恒星

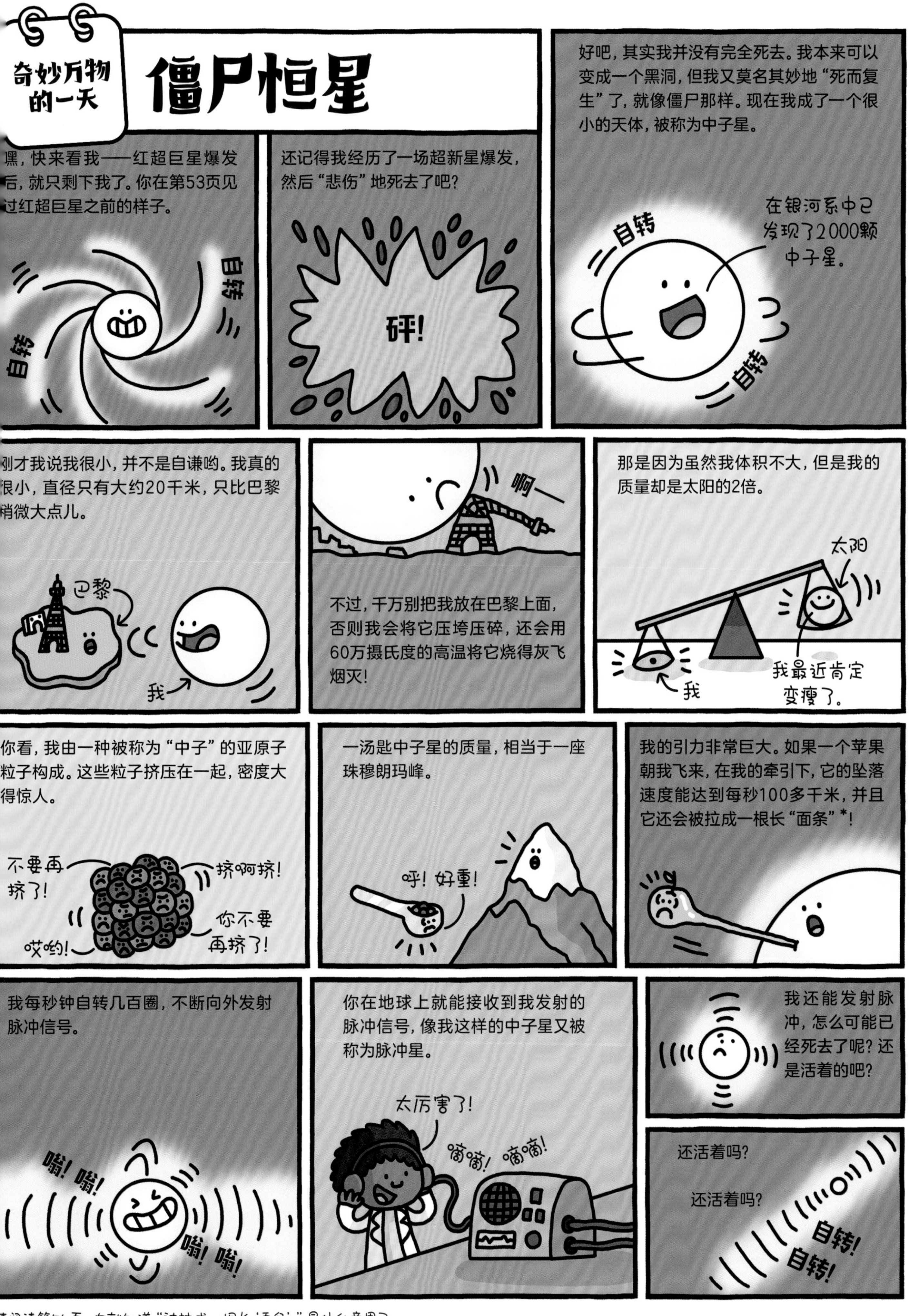

奇妙万物的一天
嘿，快来看我——红超巨星爆发后，就只剩下我了。你在第53页见过红超巨星之前的样子。
自转
自转
还记得我经历了一场超新星爆发，然后“悲伤”地死去了吧？
砰！
好吧，其实我并没有完全死去。我本来可以变成一个黑洞，但我又莫名其妙地“死而复生”了，就像僵尸那样。现在我成了一个很小的天体，被称为中子星。
自转
在银河系中已发现了2000颗中子星。
自转
刚才我说我很小，并不是自谦哟。我真的很小，直径只有大约20千米，只比巴黎稍微大点儿。
巴黎
我
啊——
不过，千万别把我放在巴黎上面，否则我会将它压垮压碎，还会用60万摄氏度的高温将它烧得灰飞烟灭！
那是因为虽然我体积不大，但是我的质量却是太阳的2倍。
太阳
我
我最近肯定变瘦了。
你看，我由一种被称为“中子”的亚原子粒子构成。这些粒子挤压在一起，密度大得惊人。
不要再挤了！
挤啊挤！
你不要再挤了！
哎哟！
一汤匙中子星的质量，相当于一座珠穆朗玛峰。
呼！好重！
我的引力非常巨大。如果一个苹果朝我飞来，在我的牵引下，它的坠落速度能达到每秒100多千米，并且它还会被拉成一根长“面条”*！
我每秒钟自转几百圈，不断向外发射脉冲信号。
嗡！嗡！
嗡！嗡！
你在地球上就能接收到我发射的脉冲信号，像我这样的中子星又被称为脉冲星。
太厉害了！
嘀嘀！嘀嘀！
我还能发射脉冲，怎么可能已经死去了呢？还是活着的吧？
还活着吗？
还活着吗？
自转！
自转！

*请阅读第54页，你就知道“被拉成一根长‘面条’”是什么意思了。

奇妙万物的一天

太空连线游戏

大家好，我们又见面了！还记得我吗？我在第48页已经出现过了。我是猎户星云，与各种各样的星体一起生活在猎户座里。我们就像“连点成画”游戏中的光点，分散在广袤的太空中。只要把我们连接起来，就会形成一张星图，上面画着一个雄赳赳的猎户，右手拿木棒，左手持盾牌。

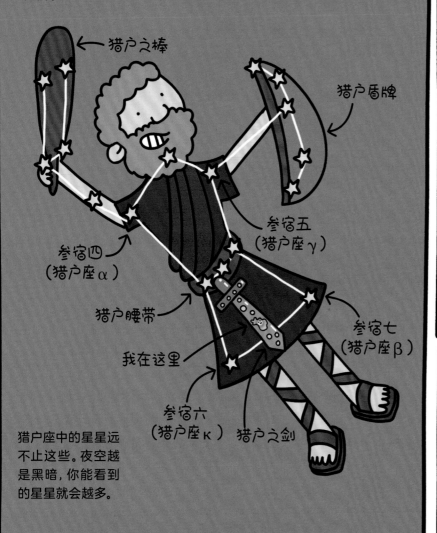

猎户之棒
猎户盾牌
参宿五
（猎户座γ）
参宿四
（猎户座α）
猎户腰带
参宿七
（猎户座β）
我在这里
参宿六
（猎户座κ）
猎户之剑

猎户座中的星星远不止这些。夜空越是黑暗，你能看到的星星就会越多。

古希腊人最早想象出天空中猎人的轮廓。其实，我们四处散开，独自闪亮，毫无关联，就像这样……

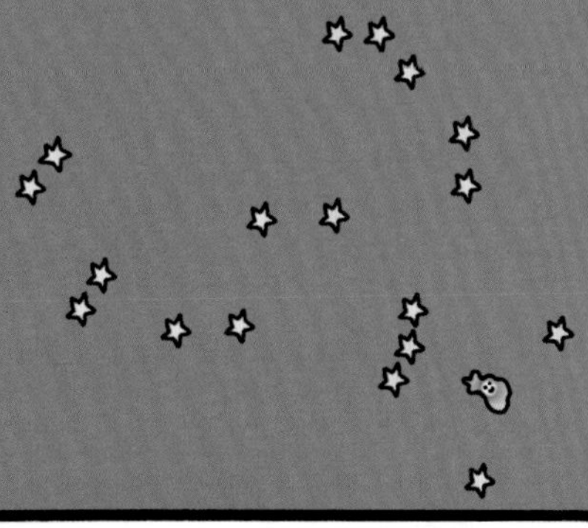

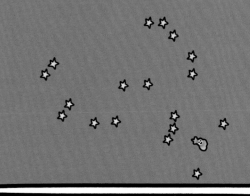

站在地球的南北半球，都能看到猎户座（包括我！），不过观测的时间有所不同。

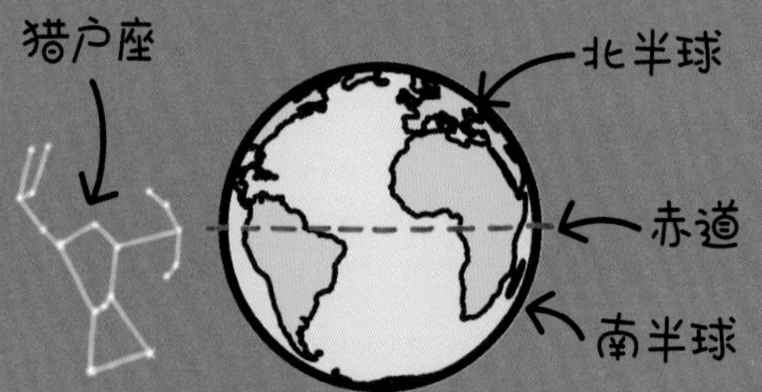

猎户座
北半球
赤道
南半球

从地球上看，猎户座一会儿升起，一会儿落下。其实，这只是因为地球在转动而已。

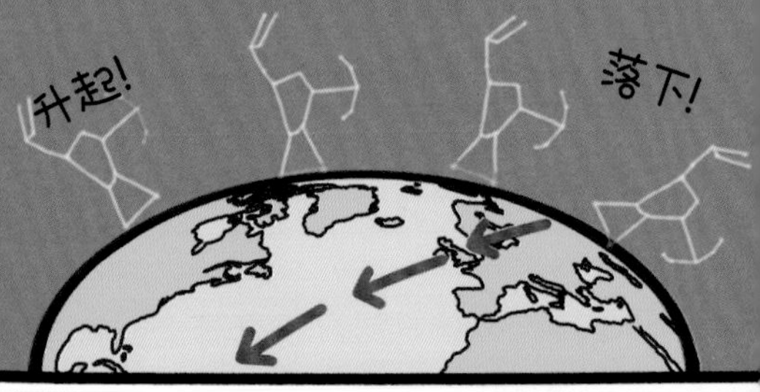

升起！
落下！

参宿四（猎户座α）是猎户座中一颗最明亮的恒星。它是红超巨星（参见第53页），可能再过大约10万年就要迎来一场超新星爆发。

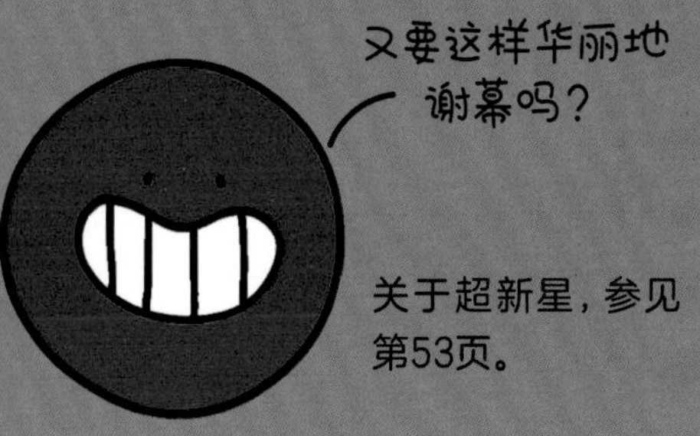

又要这样华丽地谢幕吗？

关于超新星，参见第53页。

猎户就要失去他的右肩了，真是太可惜了。幸好他的腰带保住了，构成腰带的三颗星都还生机勃勃地放着光芒。

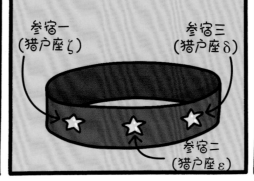

参宿一
（猎户座ζ）
参宿三
（猎户座δ）
参宿二
（猎户座ε）

猎户的长剑也还稳稳地挂在腰间，这可是他最重要的标志呢，毕竟我也置身其中嘛。

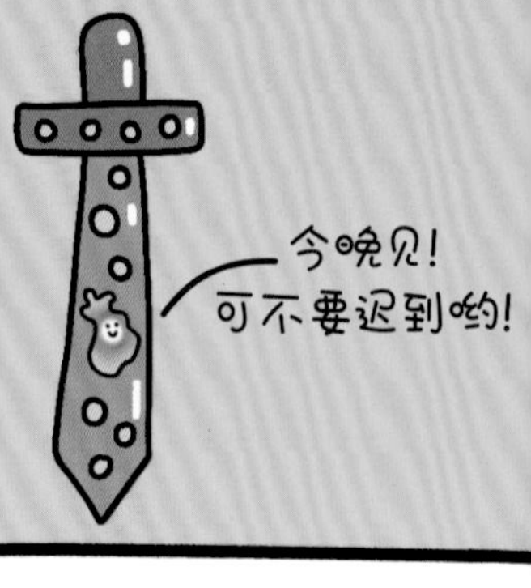

今晚见！
可不要迟到哟！

拓展知识

星座排序表

国际通用的88个星座包括黄道十二宫12个星座。人们发挥丰富的想象力，认为这12个星座在夜空中形成了一个圆环，并将之命名为“黄道”。从地球上看，太阳每年都会逐一经过这些星座。根据这些星象，古代占星术应运而生，因为人们相信天上星辰的运行影响着人事吉凶。虽然占星术和星象很有意思，但它们与天文学不同，完全没有科学依据。尽管如此，这些人类最早研究过的星座仍然瑰丽绚烂，引人遐思。

星座的名字

各个星座都是用拉丁文命名的。例如，“Capricornus”是“摩羯座”，别名“山羊座”。“Scorpius”是“天蝎座”。

夜晚的亮光

白天时，太阳的光芒照亮了地球，人们无法看到黄道上的星星。

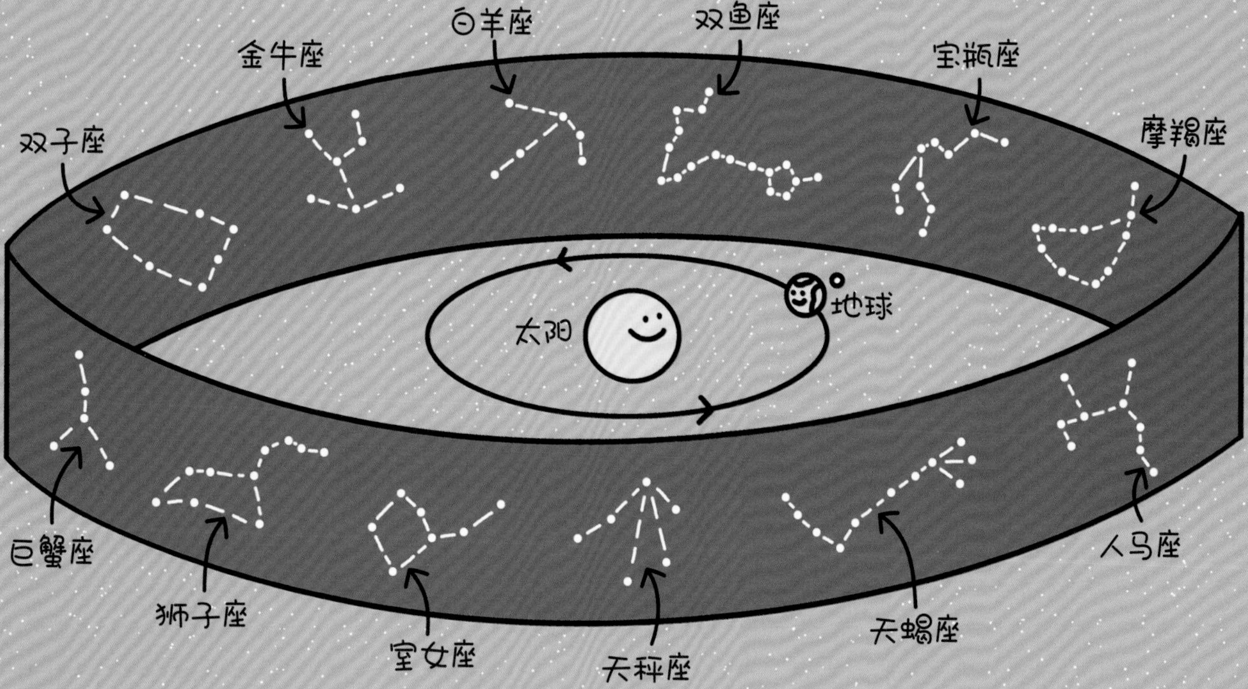

白羊座
双鱼座
金牛座
宝瓶座
双子座
摩羯座
地球
太阳
巨蟹座
人马座
狮子座
天蝎座
室女座
天秤座

倒霉的第13号星座

黄道十二宫其实应该是黄道十三宫才对，蛇夫座作为“十三号种子选手”，本应加入其中。遗憾的是，占星术士将它放弃了，因为将一年划分成天数大致相等的12个月更容易做到。

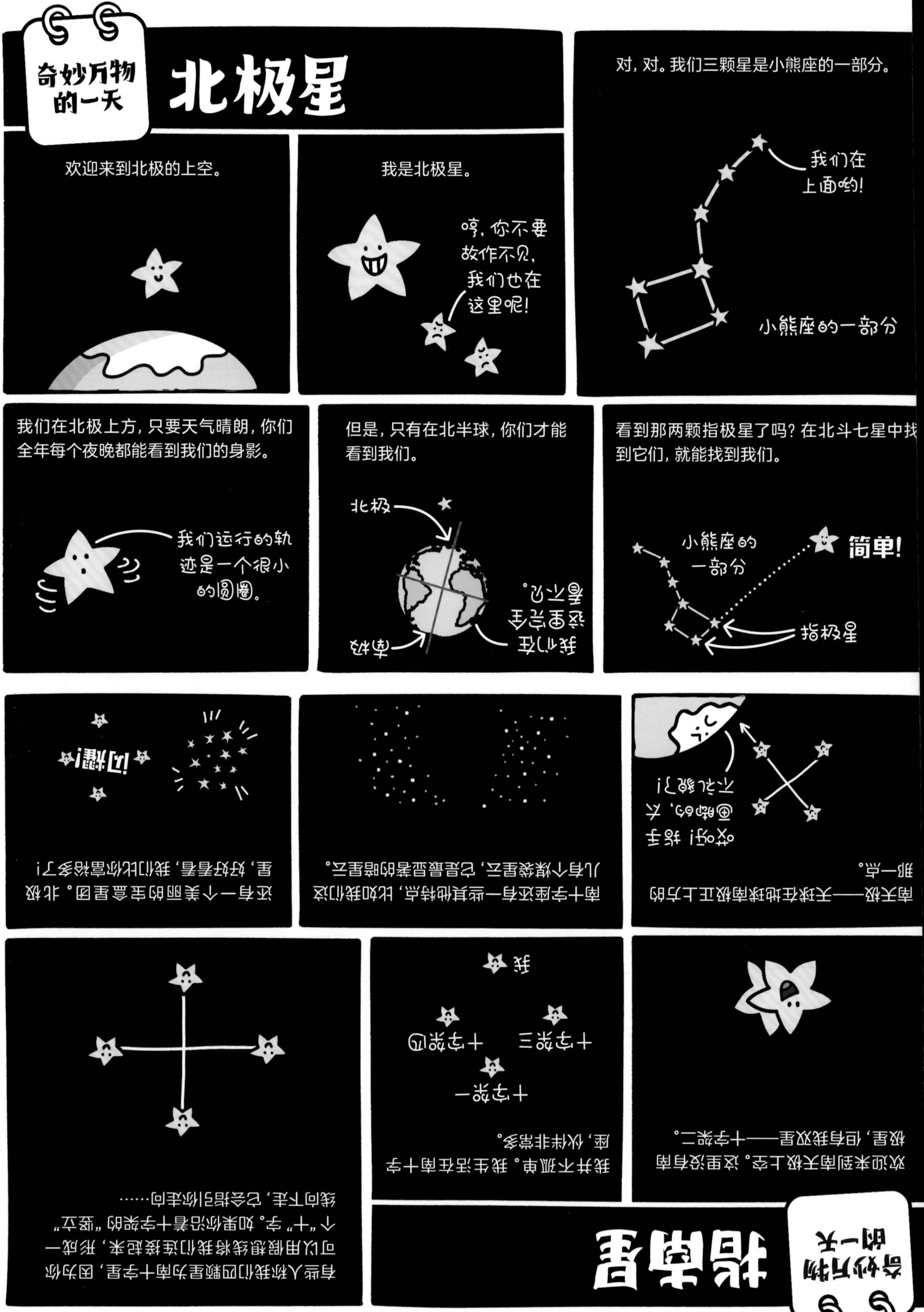
奇妙万物的一天
北极星
欢迎来到北极的上空。
我是北极星。
哼，你不要故作不见，我们也在这里呢！
对，对。我们三颗星是小熊座的一部分。
我们在上面哟！
小熊座的一部分
我们在北极上方，只要天气晴朗，你们全年每个夜晚都能看到我们的身影。
我们运行的轨迹是一个很小的圆圈。
但是，只有在北半球，你们才能看到我们。
北极
南极
我们在这里完全看不见。
看到那两颗指极星了吗？在北斗七星中找到它们，就能找到我们。
小熊座的一部分
简单！
指极星
奇妙万物的一天
指南星
欢迎来到南天极上空。这里没有南极星，但有我双星——十字架二。
我并不孤单。我生活在南十字座，伙伴非常多。
十字架一
十字架三
十字架四
我
有些人称我们四颗星为南十字星，因为你可以用假想线将我们连接起来，形成一个“十”字。如果你沿着十字架的“竖立”线向下走，它会指引你走向……
南天极——天球在地球南极正上方的那一点。
哎呀！指手画脚的，太不礼貌了！
南十字座还有一些其他特点，比如我们这儿有个煤袋星云，它是最显著的暗星云。
还有一个美丽的宝盒星团。北极星，好好看看，我们比你富裕多了！
闪耀！

拓展知识

恒星伙伴

在太阳系中，太阳形单影只，无恒星相伴，这种情况在其他星系中相当少见。其他许多恒星都是成双结对，围绕着彼此旋转，这被称为双星系统。还有一些三颗或三颗以上的恒星相互围绕着对方运行，与其他更大的星团共同构成完整的星系。

天狼伴星
天狼星

双星相伴

天狼星，别名“犬星”，是夜空中最亮的恒星。它与天狼伴星组成了双星系统，天狼伴星是一颗白矮星，距离遥远，星光暗淡。天狼星和天狼伴星相互围绕着对方运行。

北极星AB
北极星A
北极星B

三星携手

几个世纪以来，北半球的旅行者在夜间一直靠观察北极星来寻找方向。北极星目前位于北极上空。很久以前，人们曾以为北极星是一颗星，但实际上它是由三颗不同的恒星组成的三合星。

七星联袂

昴星团又称“七姊妹星”，是一个由多颗恒星组成的星团。在夜空中，我们很容易看到它们的身影。其实这个星团包含了1 000多颗恒星，只不过其中9颗（而不是7颗！）显得特别明亮。

奇妙万物的一天 银河系

大家好！我看起来是不是特别漂亮呀？你们人类叫我“银河”，也有的叫我“乳之路”。

因为人们认为我是天神喷洒到天空中的乳汁。

呕！我不爱喝奶。

其实，我是一个星系，浩瀚无边，包罗万象。我几乎跟宇宙一样古老，拥有多达4 000多亿颗恒星，而行星的数量估计只多不少。

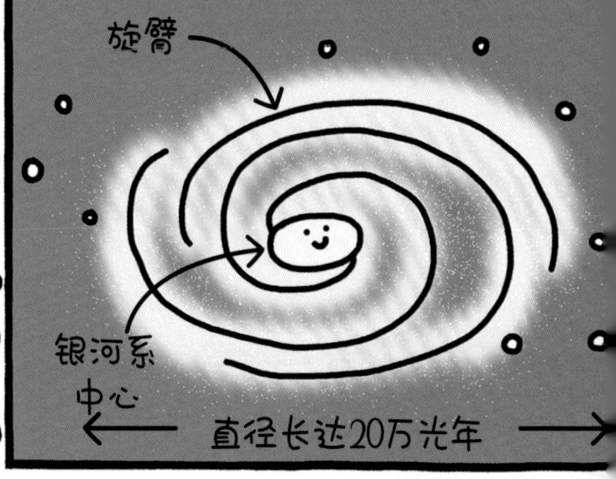

旋臂
银河系中心
直径长达20万光年

地球和你们所在的太阳系真是小得可爱呀，都在我的一条旋臂上。你们看到的这条乳白色光带穿越了无数颗星星。

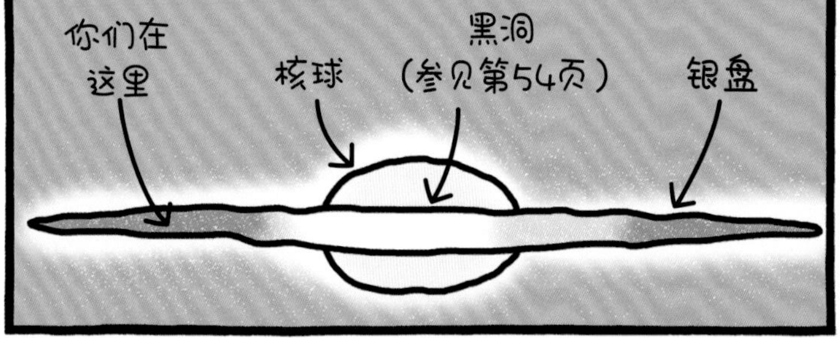

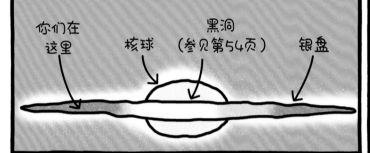

你们在这里
核球
黑洞（参见第54页）
银盘

星系由无数恒星、气体和尘埃构成，在强大引力的作用下，它们聚集在一起形成各种形状。

旋涡星系
棒旋星系
椭圆星系
不规则星系

银河系中心是一个巨大的黑洞，靠近它的任何物质都会被吞噬殆尽。

快来喂我呀！

银河系的质量主要来自暗物质（参见第66页）。在这里，你什么都看不见，因为暗物质无形无色。

没人清楚地知道暗物质到底是什么，我也一点儿不想去操心。我只管“貌美如花”就好了。

不过，你们人类认为，我的旋臂在暗物质的驱动下，以每秒200多千米的速度在不断地旋转。

啊呀！

总有一天，我会一头撞上离我最近的大星系邻居——仙女星系。

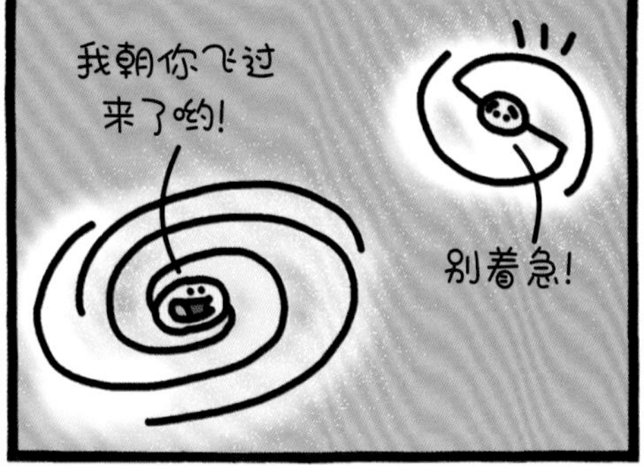

我朝你飞过来了哟！
别着急！

当然，这一天起码还要等上40亿年。你们还有充足的时间好好欣赏我的美貌！

银河系真是美得不得了呀！

拓展知识

探索星系

随着科技的发展，尤其是空间望远镜（参见第100页）的使用，天文学家发现在银河系之外还存在成千上万的星系。据说宇宙中现有2 000亿个星系，我们已知的不过是冰山一角罢了。它们形态各异，大小不一，最大的星系被认为拥有超过100万亿颗恒星。

旋涡星系

它们有两种主要类型：

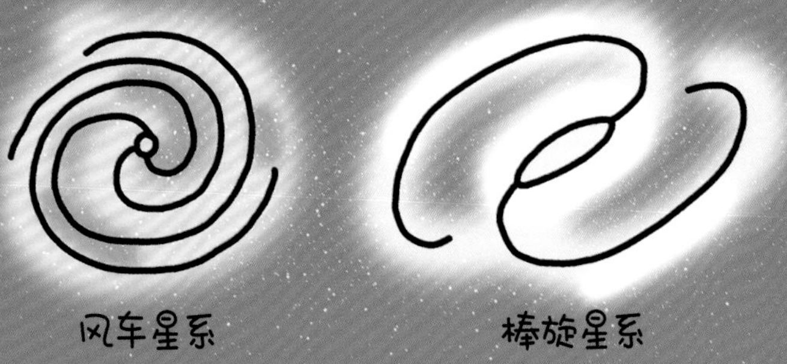

风车星系
棒旋星系

与我们的银河系一样，这些星系也有长长的旋臂，孕育着无数的恒星。

椭圆星系

这些星系呈椭圆形，通常规模较小，星系内的恒星较为年老。

不规则星系

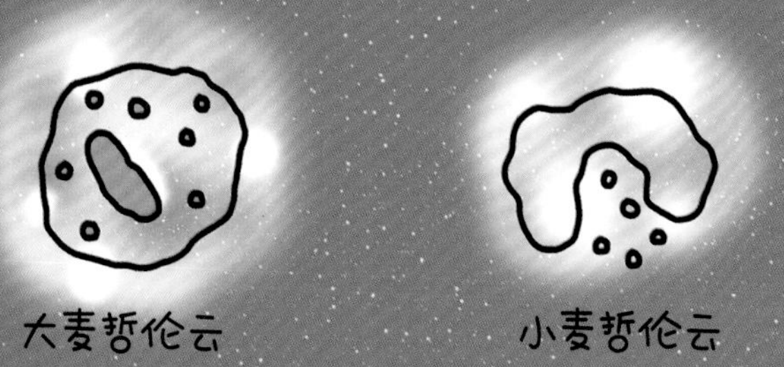

大麦哲伦云
小麦哲伦云

GN-z11

大麦哲伦云和小麦哲伦云靠近银河系，在地球的南半球就能看到它们的身影。

GN-z11是迄今为止发现的最古老、最遥远的星系。它距离地球非常遥远，现在我们在地球上看到的它，其实只是它在大爆炸（参见第64页）发生后4亿年时的样子。

什么都没有！

星系之间的空间被称为星系际介质，它几乎是一个完美的真空，每立方米只包含一个原子。换句话说，这个空间里几乎没有任何东西。

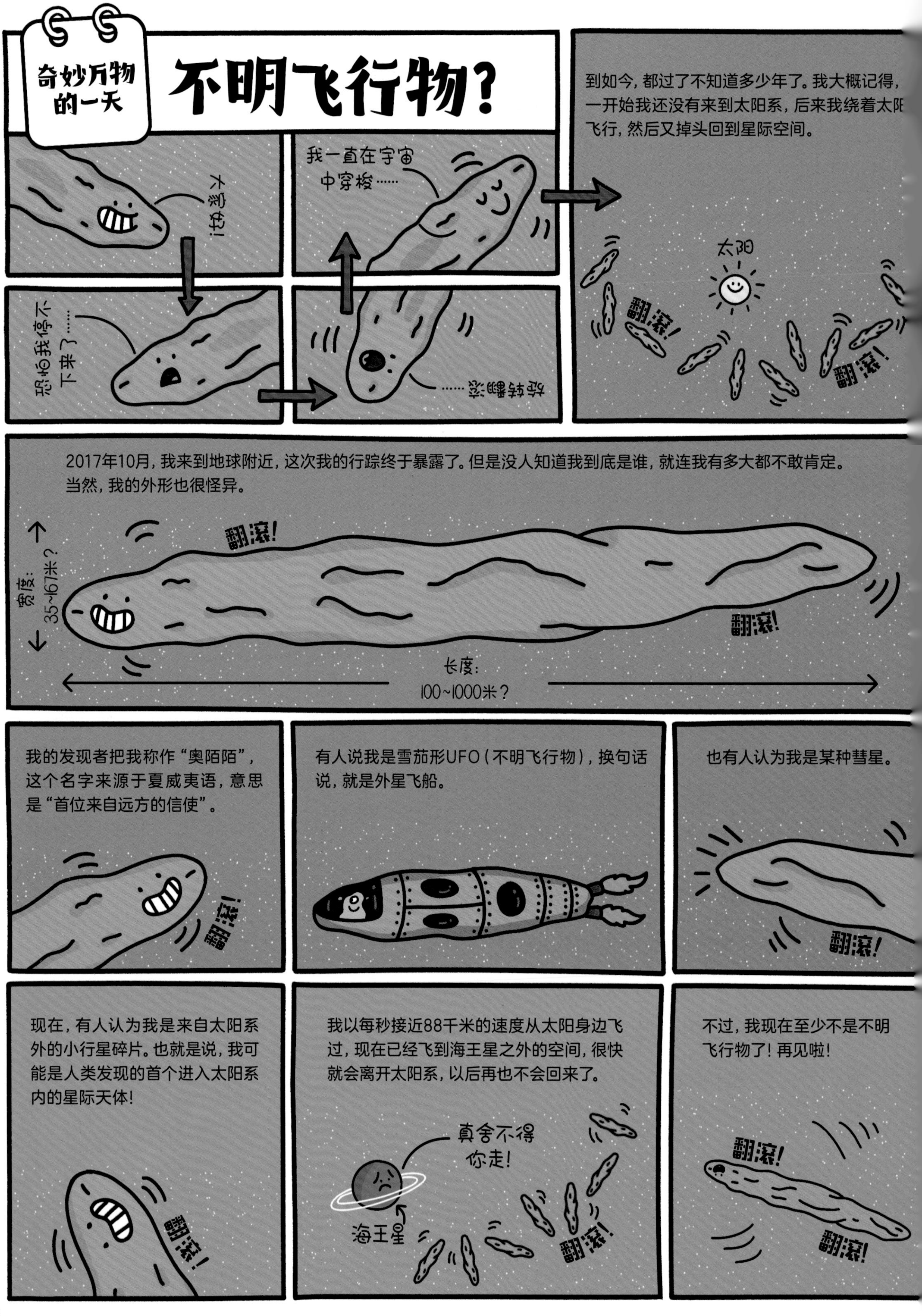
奇妙万物的一天
不明飞行物?
大家好!
我一直在宇宙中穿梭……
恐怕我停不下来了……
旋转翻滚……
到如今，都过了不知道多少年了。我大概记得，一开始我还没有来到太阳系，后来我绕着太阳飞行，然后又掉头回到星际空间。
太阳
翻滚!
翻滚!
2017年10月，我来到地球附近，这次我的行踪终于暴露了。但是没人知道我到底是谁，就连我有多大都不敢肯定。当然，我的外形也很怪异。
宽度：35~167米?
翻滚!
翻滚!
长度：100~1000米?
我的发现者把我称作“奥陌陌”，这个名字来源于夏威夷语，意思是“首位来自远方的信使”。
翻滚!
有人说我是雪茄形UFO（不明飞行物），换句话说，就是外星飞船。
也有人认为我是某种彗星。
翻滚!
现在，有人认为我是来自太阳系外的小行星碎片。也就是说，我可能是人类发现的首个进入太阳系内的星际天体!
翻滚!
我以每秒接近88千米的速度从太阳身边飞过，现在已经飞到海王星之外的空间，很快就会离开太阳系，以后再也不会回来了。
真舍不得你走!
海王星
翻滚!
不过，我现在至少不是不明飞行物了!再见啦!
翻滚!
翻滚!

拓展知识

逼近地球

有科学家认为，6 600万年前，一颗小行星撞击地球，导致恐龙灭绝，改变了地球生态。天文学家现在一直严密监控25 000多个近地天体（大多数为小行星）的活动。万一它们靠得太近，让人们感到紧张，就能立即采取措施进行干预。以下就是一些典型的近地天体。

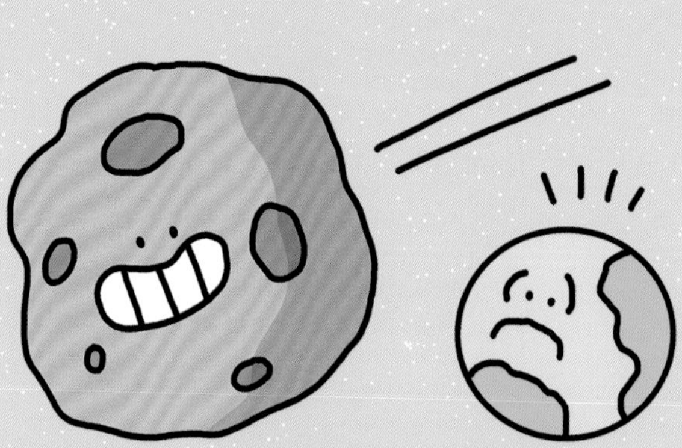

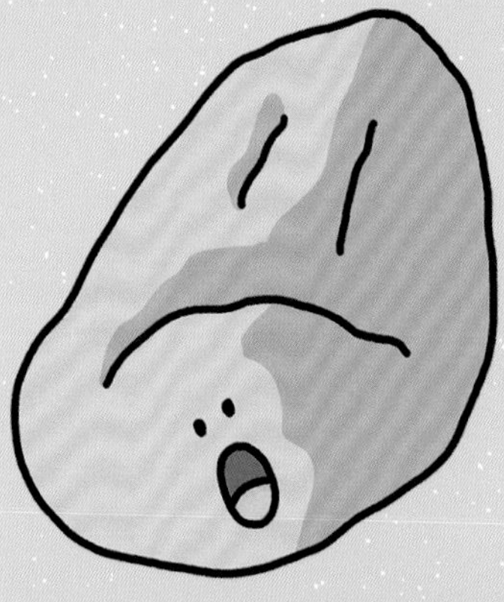

小行星4581号

这颗小行星的直径大约为1千米。1989年3月下旬，它运行到离地球最近的位置。几天后，有人首次发现它的踪影。现在，一些近地天体迷将3月23日称为“危险接近日”。

小行星1036号

这颗小行星距离地球十分遥远，直径超过30千米，是潜在威胁天体中最大的一个，目前正被密切追踪。幸运的是，小行星1036号的轨道并未与地球的轨道相交，基本只有在它靠近木星的时候我们才会看到它。

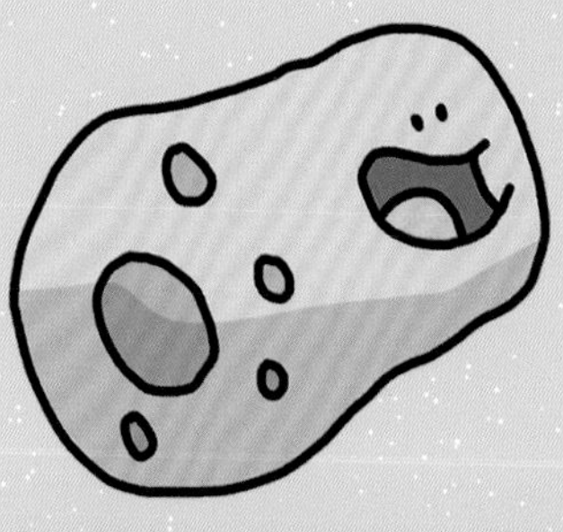

小行星1999 AN10

这颗小行星预计将在2027年进入距离地球39万千米的范围。如果你并不害怕它靠近地球，你可以用双筒望远镜观测它的行踪。

J002E3

科学家认为，这个近地天体是1969年阿波罗12号登月任务遗留下来的助推火箭。讽刺的是，在未来的某一天，它可能与月球相撞！

大爆炸的秘密日记

这份日记的原稿非常古老，来自138亿年前，作者是不断膨胀的宇宙。

1
根本没有时间

不好意思，宇宙中根本没有时间，我也不知道到底是哪一天。我现在是一个比原子还要小的点，质量无限大，密度无限大，体积无限小，温度几乎无限高，超过10^{32}° C。虽然我起点不怎么高，但我真心希望有一天能干出一番大事业……也许这一天很快就要到来了！

2
十亿分之一秒后

就连我自己也搞不清楚为什么，我突然开始无限膨胀起来，已经变成之前数万亿倍大的空间。我的体内充满了各种奇怪的粒子，它们总是不断相互碰撞，然后又消失不见了。我多么希望它们还能留下来！

3
一百万分之一秒后

太好啦！它们并没有消失！剩余的粒子变成了一些新的东西，我将它们称为物质。有些微小的物质带有正电，其余的却完全不带电。我将它们命名为质子（+）和中子（0）。

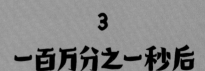

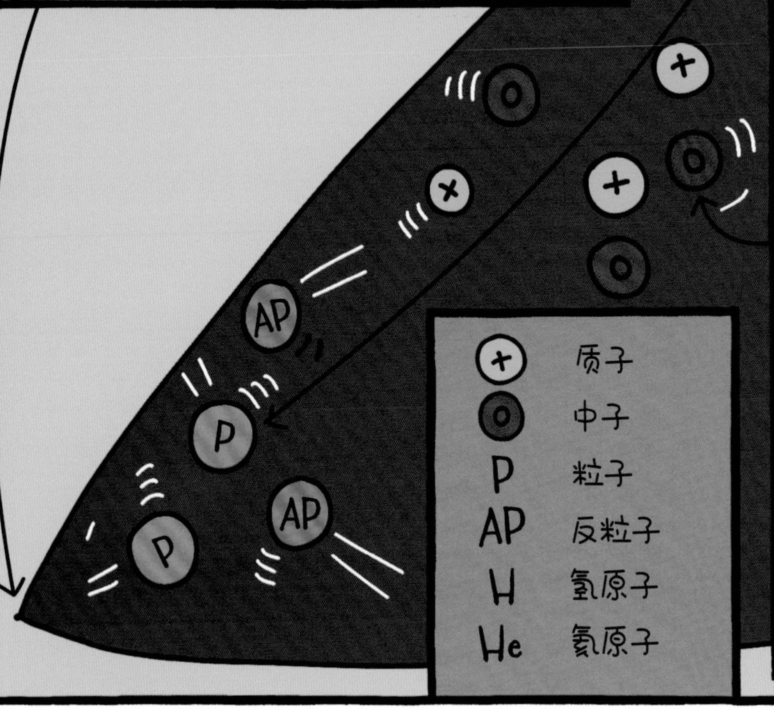
AP
P
+ 质子
0 中子
P 粒子
AP 反粒子
H 氢原子
He 氦原子

4
40万年后

现在终于有时间的存在了，当然它似乎过得飞快！我的温度已经降低了很多，那些质子和中子就可以与微小的电子(–)结合形成原子。啦啦啦！我还释放了大量的光能呢。

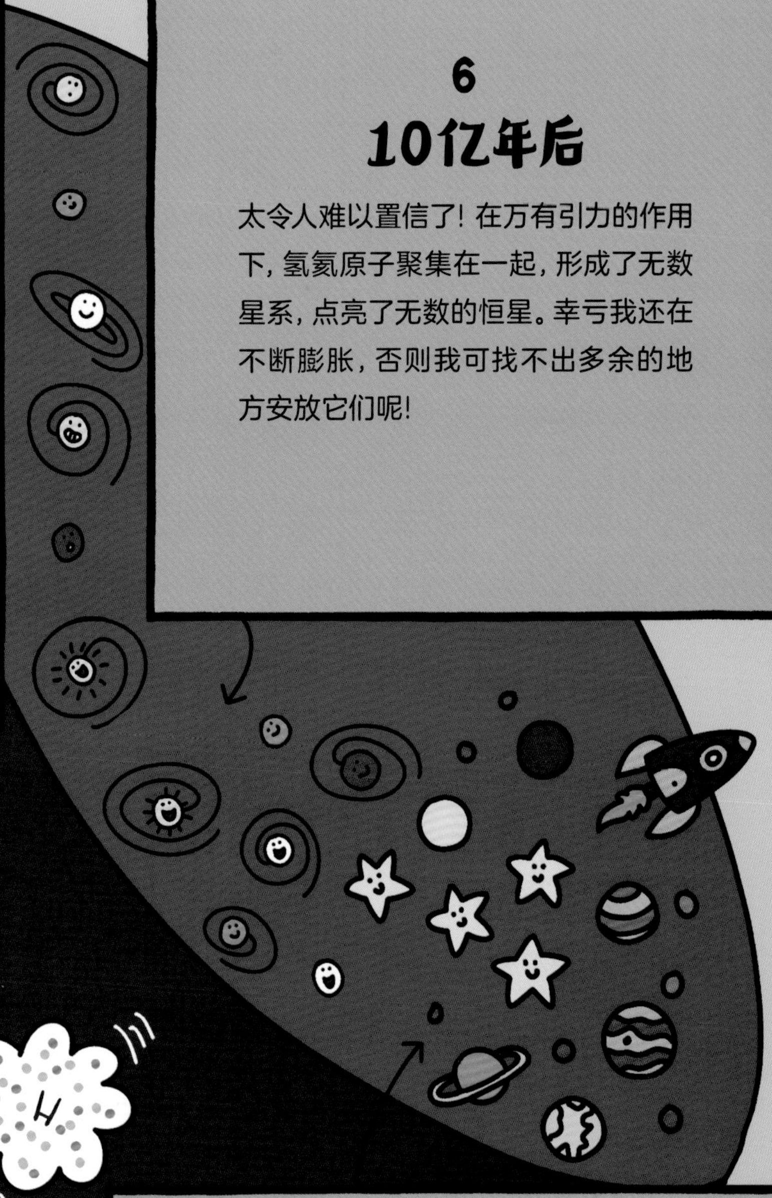

H
H
He
He
H

5
5亿年后

这些原子形成了氢和氦，它们是最轻的元素。虽然它们很轻，但还是没能逃脱引力的作用。引力非要把它们聚拢到一起。现在的局面我无法控制了。天哪！

6
10亿年后

太令人难以置信了！在万有引力的作用下，氢氦原子聚集在一起，形成了无数星系，点亮了无数的恒星。幸亏我还在不断膨胀，否则我可找不出多余的地方安放它们呢！

7
138亿年后

哇！多么漫长的时光呀！现在，我不仅孕育了恒星、行星、星系，甚至还创造了生命！不仅如此，我还在不断变大，而且膨胀的速度越来越快！可是，到底为什么会这样呢？我在40多亿年前创造了太阳系，也许有一天生活在那里的人类会找出问题的答案。我当然希望他们一定成功！

奇妙万物的一天

神秘物质

想象一下，假如这一页就是整个宇宙，而这个文字框就是你在这个宇宙中能看到、能触碰到的一切——哈哈，还不到这一页的5%吧！

这一页的其他部分，除了最底下那三个文字框，都是由神秘的我来唱主角。

我是不可见的，科学家们把我叫作暗能量。这个名字取得真好，听起来我好像是超级英雄一样！

不过，我对这个名字还是有点儿意见。其实我一点儿都不“暗”，只不过你们看不见我罢了。

我跟其他普通物质不同，你们无法见到我，无法触摸我，更无法探测到我的存在。

但是，我控制了宇宙半壁以上江山（68%）。也就是说，我把超过三分之二的宇宙牢牢掌握在手里。

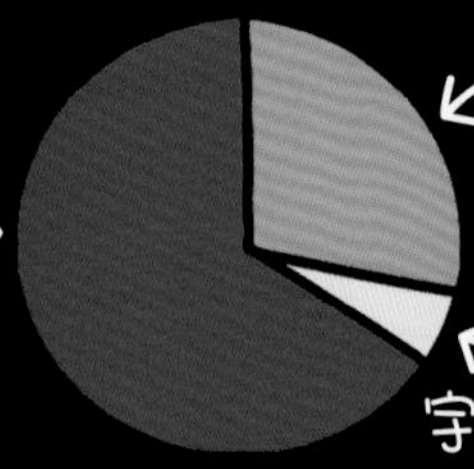
暗物质
(27%)
暗能量
(68%)
宇宙中其他
物质（5%）

宇宙之所以会越来越快地扩张，我可能是幕后推手。

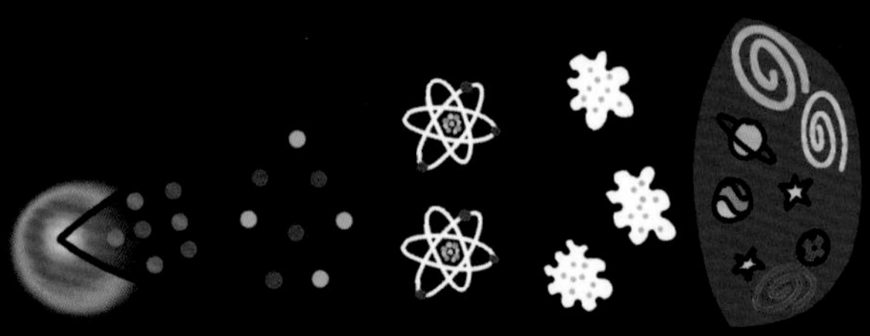

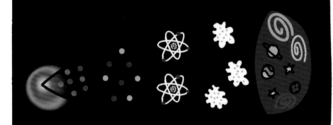

宇宙变得越大，我就越有更大的生存空间，我们的队伍就会越来越壮大。光是想想都令人兴奋极了！

但是我不是唯一的神秘物质。我还有一位神秘的朋友暗物质。来跟大家打声招呼吧！

—大家好！

暗物质驾到！我也是不可见的，宇宙的27%都由我构成，相当于在本页上我所占据的位置大小。

你们人类能够证明我的存在，但是我到底是什么呢？

请抓紧研究，帮我找到答案，别让我继续蒙在鼓里啦！

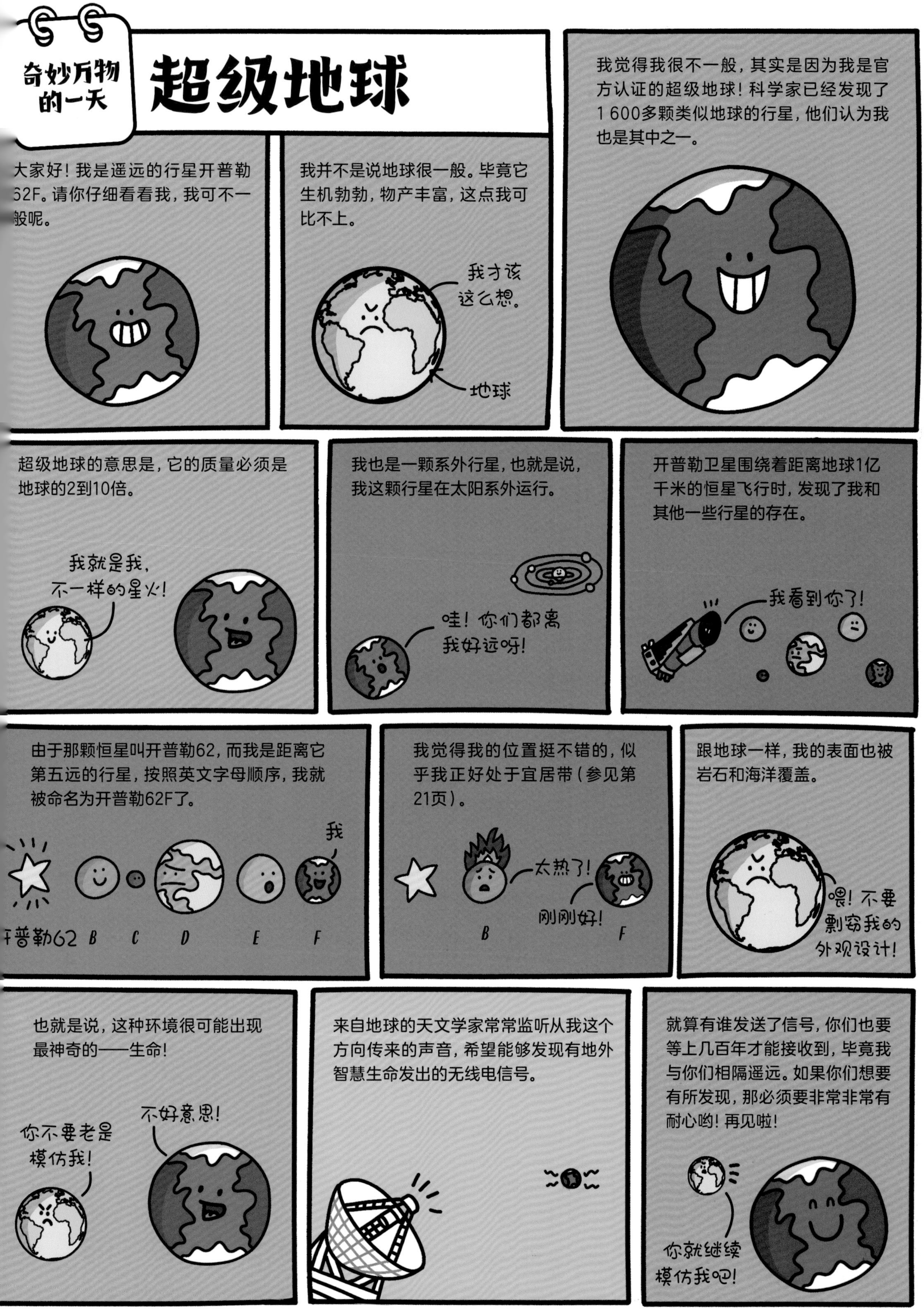
奇妙万物的一天
超级地球
大家好！我是遥远的行星开普勒62F。请你仔细看看我，我可不一般呢。
我并不是说地球很一般。毕竟它生机勃勃，物产丰富，这点我可比不上。
我才该这么想。
地球
我觉得我很不一般，其实是因为我是官方认证的超级地球！科学家已经发现了1 600多颗类似地球的行星，他们认为我也是其中之一。
超级地球的意思是，它的质量必须是地球的2到10倍。
我就是我，不一样的星火！
我也是一颗系外行星，也就是说，我这颗行星在太阳系外运行。
哇！你们都离我好远呀！
开普勒卫星围绕着距离地球1亿千米的恒星飞行时，发现了我和其他一些行星的存在。
我看到你了！
由于那颗恒星叫开普勒62，而我是距离它第五远的行星，按照英文字母顺序，我就被命名为开普勒62F了。
我
开普勒62 B C D E F
我觉得我的位置挺不错的，似乎我正好处于宜居带（参见第21页）。
太热了！
刚刚好！
B F
跟地球一样，我的表面也被岩石和海洋覆盖。
喂！不要剽窃我的外观设计！
也就是说，这种环境很可能出现最神奇的——生命！
你不要老是模仿我！
不好意思！
来自地球的天文学家常常监听从我这个方向传来的声音，希望能够发现有地外智慧生命发出的无线电信号。
就算有谁发送了信号，你们也要等上几百年才能接收到，毕竟我与你们相隔遥远。如果你们想要有所发现，那必须要非常非常有耐心哟！再见啦！
你就继续模仿我吧！

拓展知识

我们快到了吗？

太空非常奇妙，如果我们可以到那里旅游，那该有多好哇！想象一下，你跳上一辆车，以每小时100千米的速度匀速驶向月球和月球以外的地方。下图中有你到达宇宙中某些著名景点所需的时间。一定要记得带点儿零食哟！

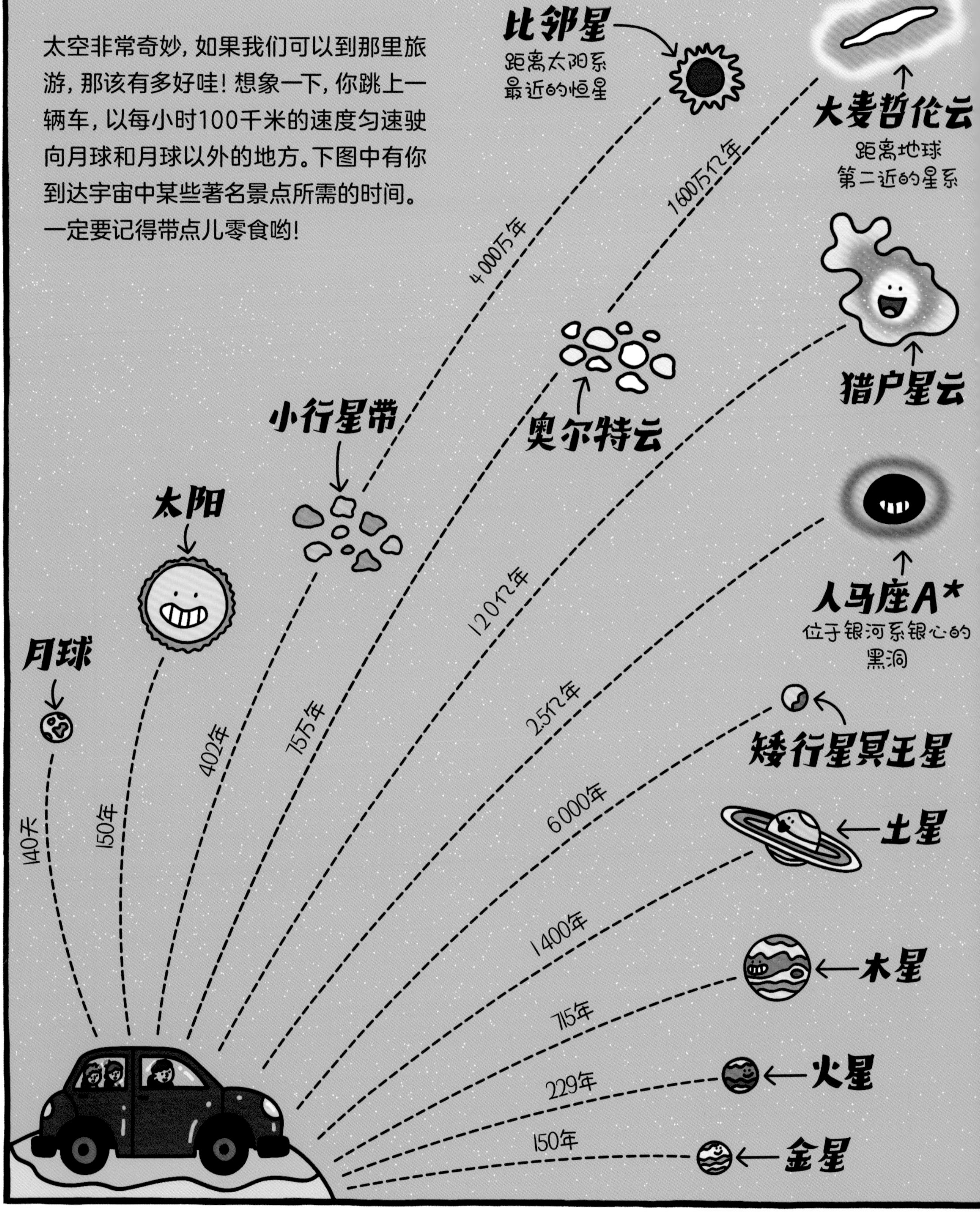
比邻星
距离太阳系最近的恒星
4000万年
大麦哲伦云
距离地球第二近的星系
1600万亿年
猎户星云
奥尔特云
120亿年
小行星带
75万年
太阳
402年
月球
150年
140天
人马座A*
位于银河系银心的黑洞
2.5亿年
矮行星冥王星
6000年
土星
1400年
木星
715年
火星
229年
金星
150年

本页所列时间都是平均时长。

太空旅行

早在约30万年前，人类就开始出现在地球上了，但是直到过去的60年里，我们才开始探索太空的奥秘。虽然只有短短的60年左右时间，人类却已经登上月球行走，在太空建立起空间站，甚至还把主意打到了火星身上，想要在不远的将来送人们到火星上旅游。

在这一部分，你将会看到人类孜孜不倦地追求宇宙探索的梦想。摘星探月，翱翔太空，这是人类向前迈出的一大步！

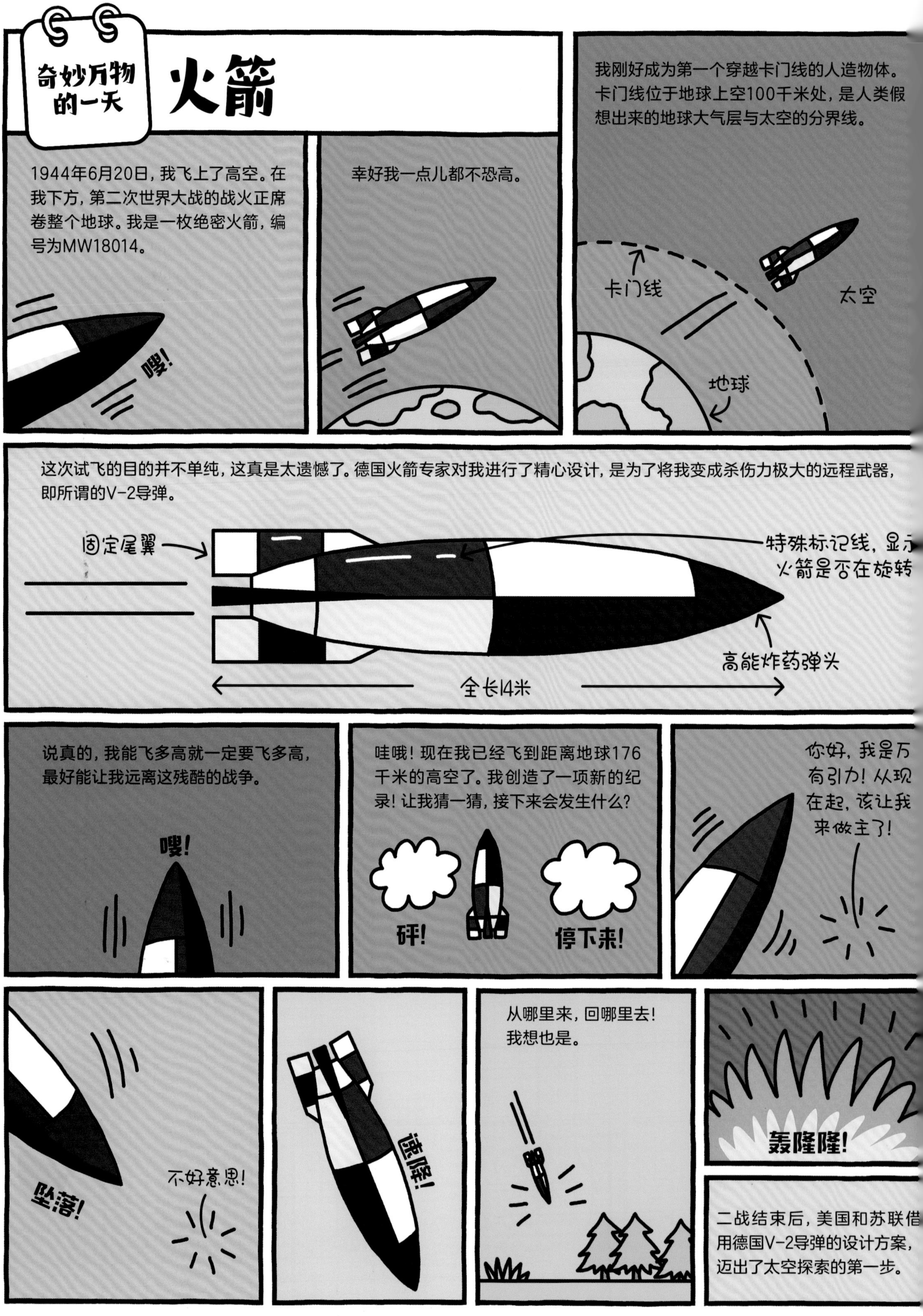
奇妙万物的一天
火箭
1944年6月20日，我飞上了高空。在我下方，第二次世界大战的战火正席卷整个地球。我是一枚绝密火箭，编号为MW18014。
嗖！
幸好我一点儿都不恐高。
我刚好成为第一个穿越卡门线的人造物体。卡门线位于地球上空100千米处，是人类假想出来的地球大气层与太空的分界线。
卡门线
太空
地球
这次试飞的目的并不单纯，这真是太遗憾了。德国火箭专家对我进行了精心设计，是为了将我变成杀伤力极大的远程武器，即所谓的V-2导弹。
固定尾翼
特殊标记线，显
火箭是否在旋转
高能炸药弹头
全长14米
说真的，我能飞多高就一定要飞多高，最好能让我远离这残酷的战争。
嗖！
哇哦！现在我已经飞到距离地球176千米的高空了。我创造了一项新的纪录！让我猜一猜，接下来会发生什么？
砰！
停下来！
你好，我是万
有引力！从现
在起，该让我
来做主了！
坠落！
不好意思！
速降！
从哪里来，回哪里去！
我想也是。
轰隆隆！
二战结束后，美国和苏联借
用德国V-2导弹的设计方案，
迈出了太空探索的第一步。

拓展知识

起飞之路

1 000多年前，中国人发明了火药。从此以后，火箭就出现在历史舞台上，并不断演变发展。接下来，你将看到一段关于火箭的简明历史。

“火箭”！

早在公元1232年，中国古代将士就开始使用“火箭”（绑有火药包的箭矢）。

消失的热板凳

公元1500年左右，一位名叫万户的中国古代官员坐到绑了47支火箭的椅子上，想要实现自己的航天梦想。可惜的是，火箭爆炸后，万户献出了自己宝贵的生命。

航天之父

俄罗斯数学教师康斯坦丁·齐奥尔科夫斯基受到科幻故事的启发，在1903年提出可以利用火箭来探索太空。他的火箭理论沿用至今。

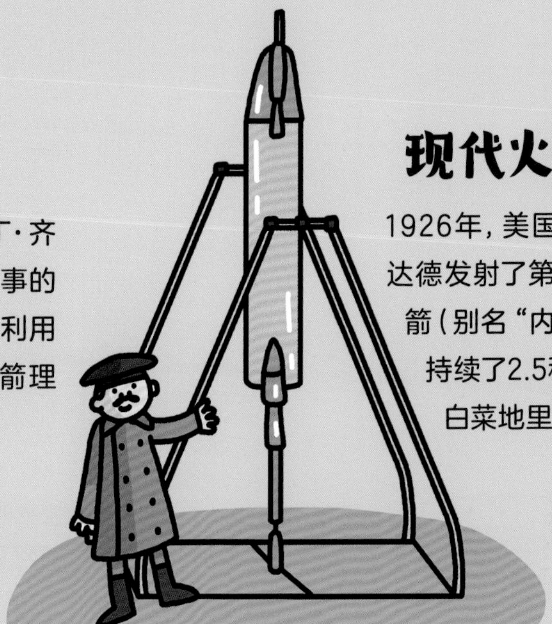

现代火箭技术之父

1926年，美国火箭专家罗伯特·戈达德发射了第一枚现代液体燃料火箭（别名“内尔”）。内尔的飞行只持续了2.5秒，然后就坠落到一片白菜地里。

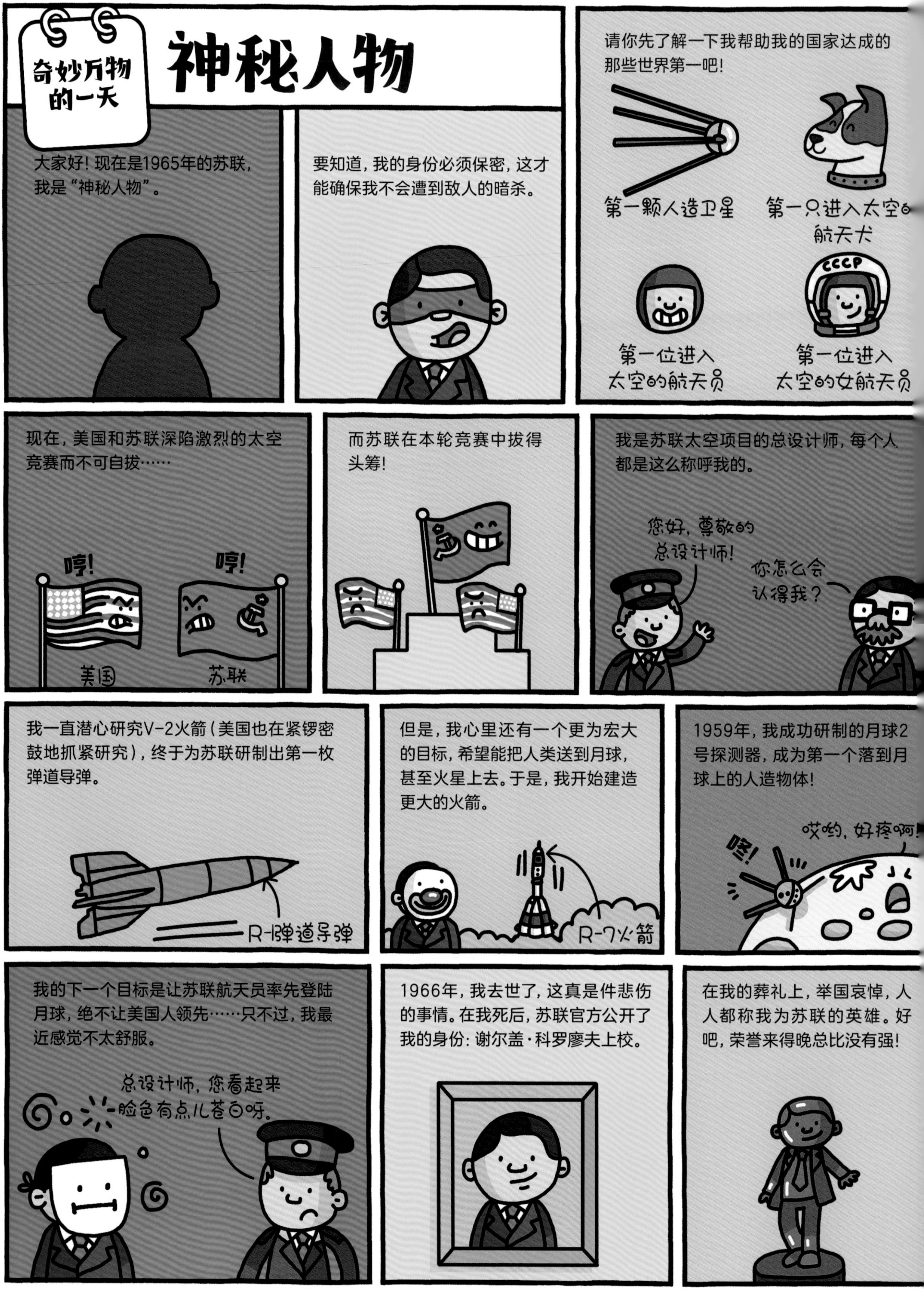
奇妙万物的一天
神秘人物
大家好！现在是1965年的苏联，我是“神秘人物”。
要知道，我的身份必须保密，这才能确保我不会遭到敌人的暗杀。
请你先了解一下我帮助我的国家达成的那些世界第一吧！
第一颗人造卫星
第一只进入太空的航天犬
第一位进入太空的航天员
CCCP
第一位进入太空的女航天员
现在，美国和苏联深陷激烈的太空竞赛而不可自拔……
哼！
哼！
美国
苏联
而苏联在本轮竞赛中拔得头筹！
我是苏联太空项目的总设计师，每个人都是这么称呼我的。
您好，尊敬的总设计师！
你怎么会认得我？
我一直潜心研究V-2火箭（美国也在紧锣密鼓地抓紧研究），终于为苏联研制出第一枚弹道导弹。
R-1弹道导弹
但是，我心里还有一个更为宏大的目标，希望能把人类送到月球，甚至火星上去。于是，我开始建造更大的火箭。
R-7火箭
1959年，我成功研制的月球2号探测器，成为第一个落到月球上的人造物体！
咚！
哎哟，好疼啊！
我的下一个目标是让苏联航天员率先登陆月球，绝不让美国人领先……只不过，我最近感觉不太舒服。
总设计师，您看起来脸色有点儿苍白呀。
1966年，我去世了，这真是件悲伤的事情。在我死后，苏联官方公开了我的身份：谢尔盖·科罗廖夫上校。
在我的葬礼上，举国哀悼，人人都称我为苏联的英雄。好吧，荣誉来得晚总比没有强！

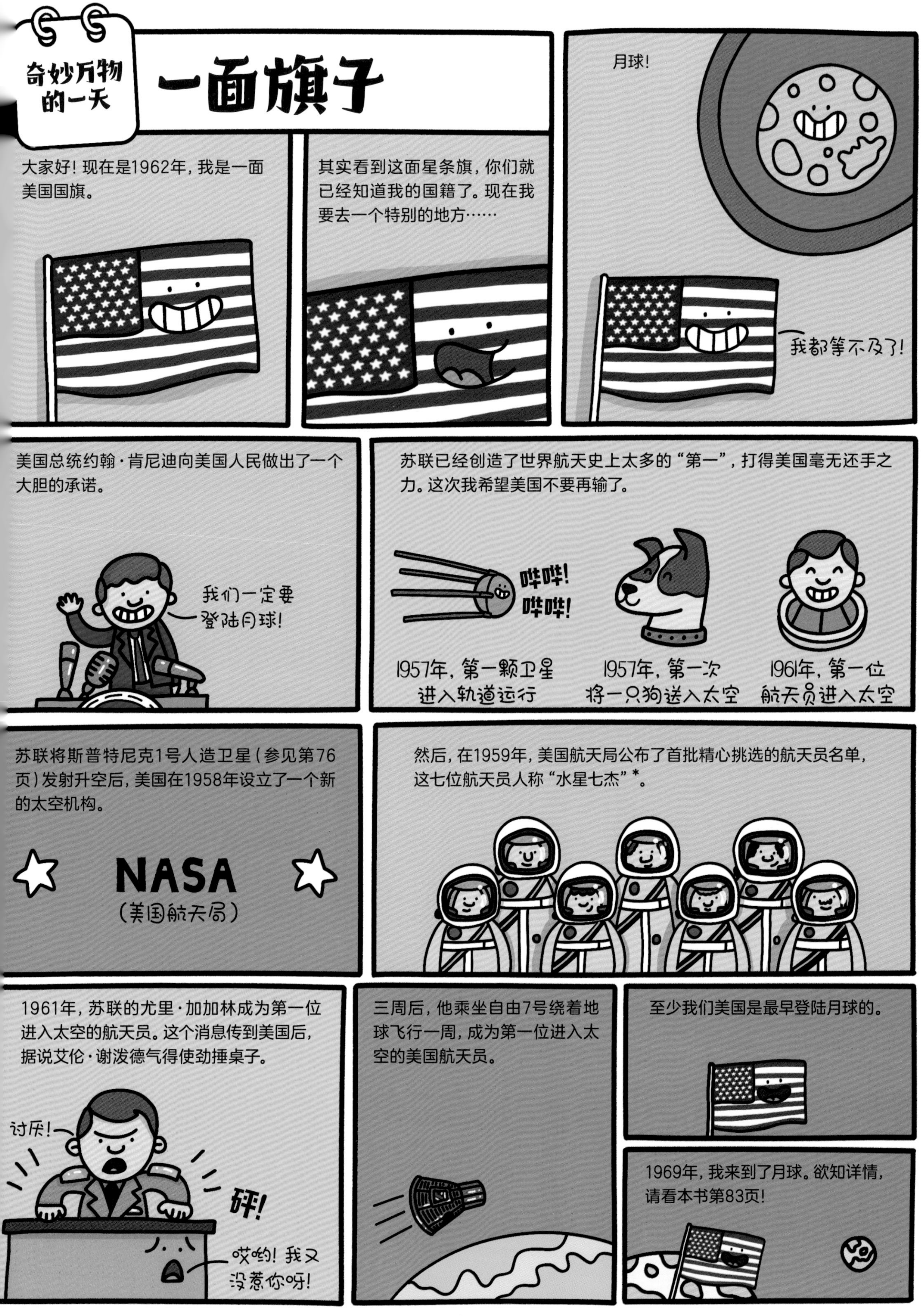
奇妙万物的一天
一面旗子
大家好！现在是1962年，我是一面美国国旗。
其实看到这面星条旗，你们就已经知道我的国籍了。现在我要去一个特别的地方……
月球！
我都等不及了！
美国总统约翰·肯尼迪向美国人民做出了一个大胆的承诺。
我们一定要登陆月球！
苏联已经创造了世界航天史上太多的“第一”，打得美国毫无还手之力。这次我希望美国不要再输了。
哔哔！哔哔！
1957年，第一颗卫星进入轨道运行
1957年，第一次将一只狗送入太空
1961年，第一位航天员进入太空
苏联将斯普特尼克1号人造卫星（参见第76页）发射升空后，美国在1958年设立了一个新的太空机构。
NASA
（美国航天局）
然后，在1959年，美国航天局公布了首批精心挑选的航天员名单，这七位航天员人称“水星七杰”*。
1961年，苏联的尤里·加加林成为第一位进入太空的航天员。这个消息传到美国后，据说艾伦·谢泼德气得使劲捶桌子。
讨厌！
砰！
哎哟！我又没惹你呀！
三周后，他乘坐自由7号绕着地球飞行一周，成为第一位进入太空的美国航天员。
至少我们美国是最早登陆月球的。
1969年，我来到了月球。欲知详情，请看本书第83页！

*“水星七杰”分别是艾伦·谢泼德、加斯·格里森、戈登·库珀、迪克·斯莱顿、瓦尔特·施艾拉、约翰·格伦、斯科特·卡彭特七人。

拓展知识

火箭家族见面会

谢尔盖·科罗廖夫（参见第72页）设计了一系列火箭，它们的功能越来越强大，帮助苏联实现了世界航空史上许多个历史性的“第一次”。下图是同一系列的火箭设计。现在让我们一起认识一下这个家族的重要成员吧！

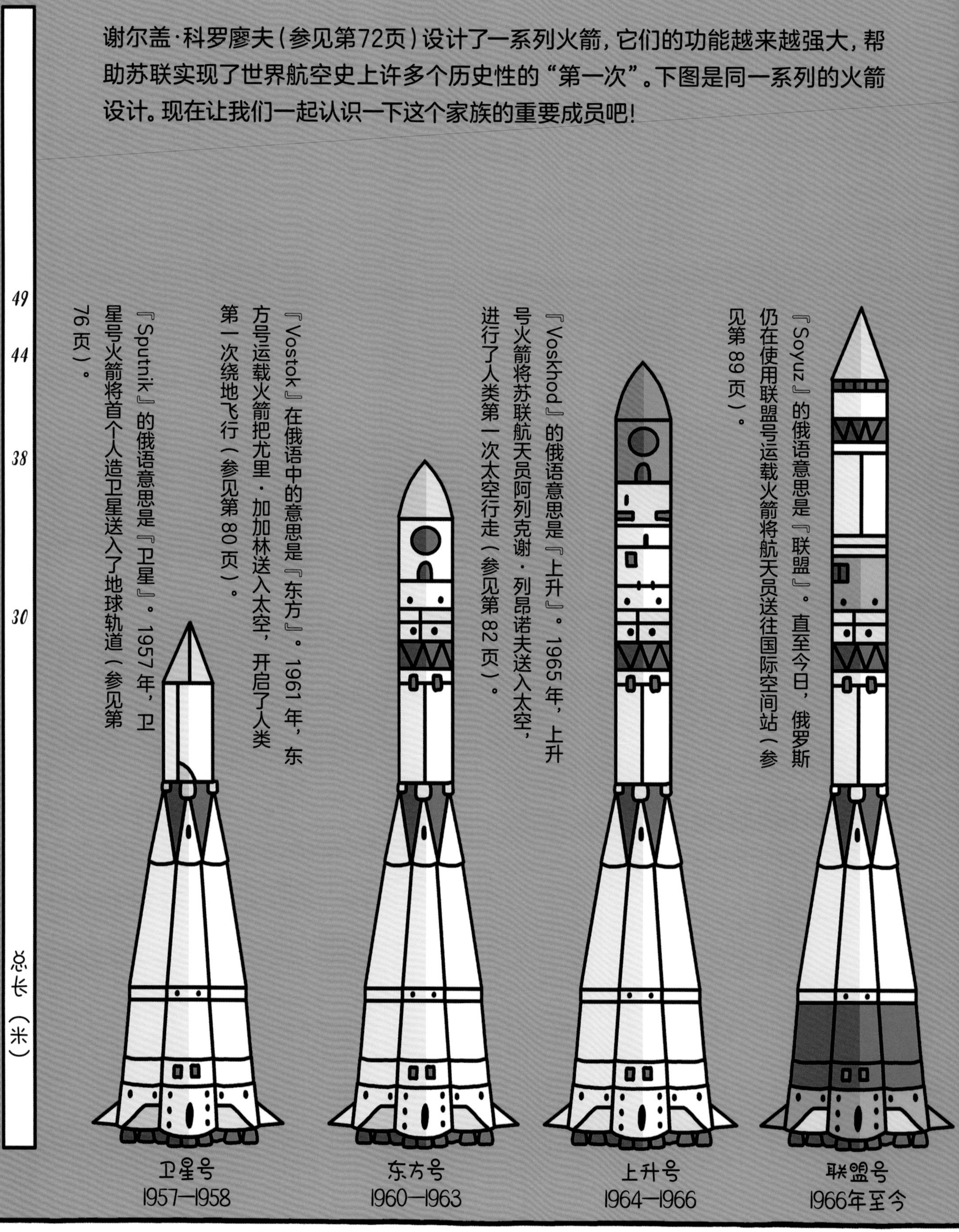

49
44
38
30
总长（米）
卫星号
1957—1958
东方号
1960—1963
上升号
1964—1966
联盟号
1966年至今

『Sputnik』的俄语意思是『卫星』。1957年，卫星号火箭将首个人造卫星送入了地球轨道（参见第76页）。

『Vostok』在俄语中的意思是『东方』。1961年，东方号运载火箭把尤里·加加林送入太空，开启了人类第一次绕地飞行（参见第80页）。

『Voskhod』的俄语意思是『上升』。1965年，上升号火箭将苏联航天员阿列克谢·列昂诺夫送入太空，进行了人类第一次太空行走（参见第82页）。

『Soyuz』的俄语意思是『联盟』。直至今日，俄罗斯仍在使用联盟号运载火箭将航天员送往国际空间站（参见第89页）。

拓展知识

冲上云霄

美国航天局陆续研制出一系列载人运载火箭，它们的规模越来越庞大，技术越来越先进，清楚地显示出美国探索太空的野心。下面是阿波罗探月时代系列运载火箭，包括水星计划运载火箭、双子星运载火箭、土星1B号运载火箭和巨大的土星5号运载火箭。

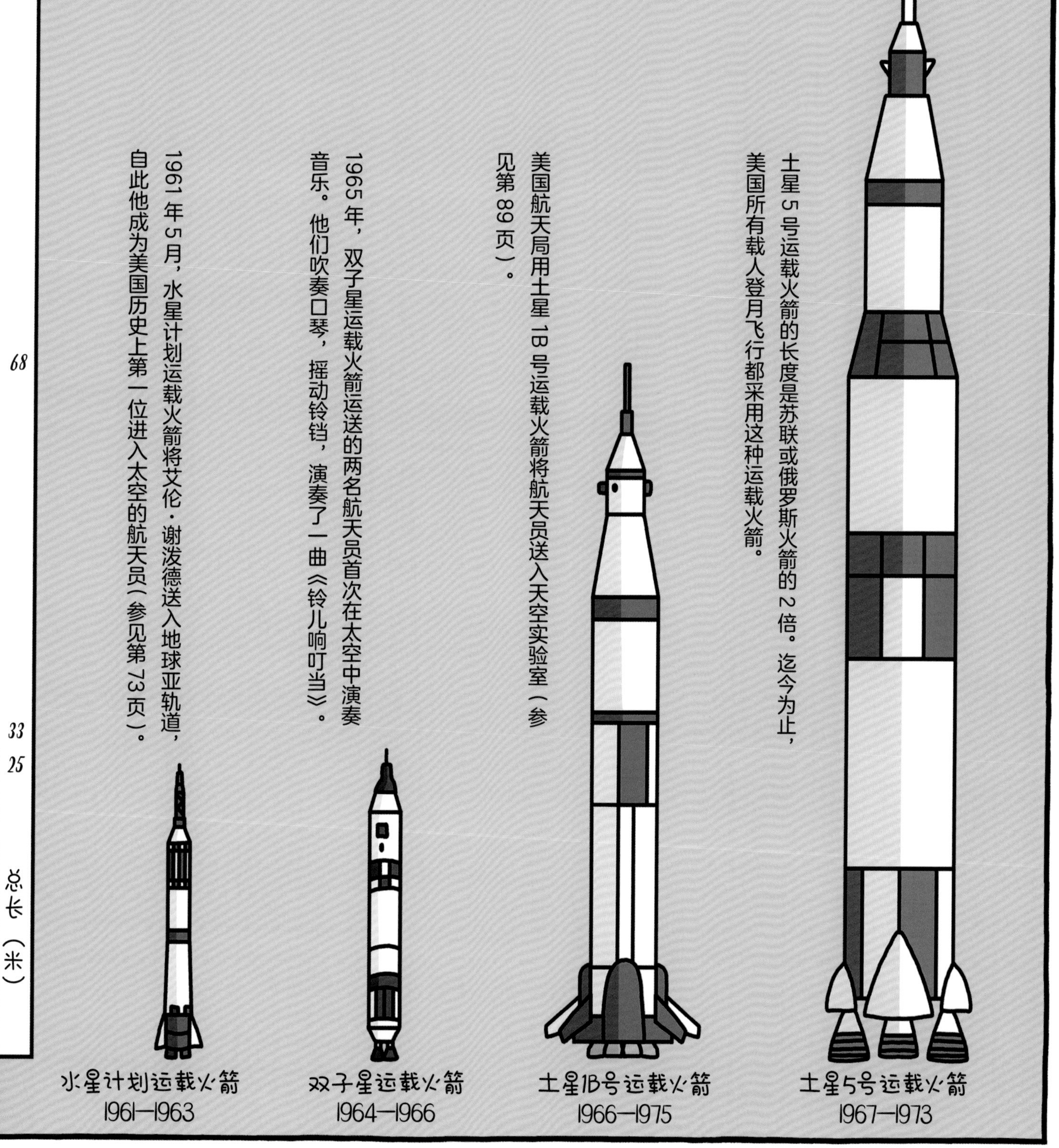

111
68
33
25
总长（米）
1961年5月，水星计划运载火箭将艾伦·谢泼德送入地球亚轨道，自此他成为美国历史上第一位进入太空的航天员（参见第73页）。
1965年，双子星运载火箭运送的两名航天员首次在太空中演奏音乐。他们吹奏口琴，摇动铃铛，演奏了一曲《铃儿响叮当》。
美国航天局用土星1B号运载火箭将航天员送入天空实验室（参见第89页）。
土星5号运载火箭的长度是苏联或俄罗斯火箭的2倍。迄今为止，美国所有载人登月飞行都采用这种运载火箭。
水星计划运载火箭
1961—1963
双子星运载火箭
1964—1966
土星1B号运载火箭
1966—1975
土星5号运载火箭
1967—1973

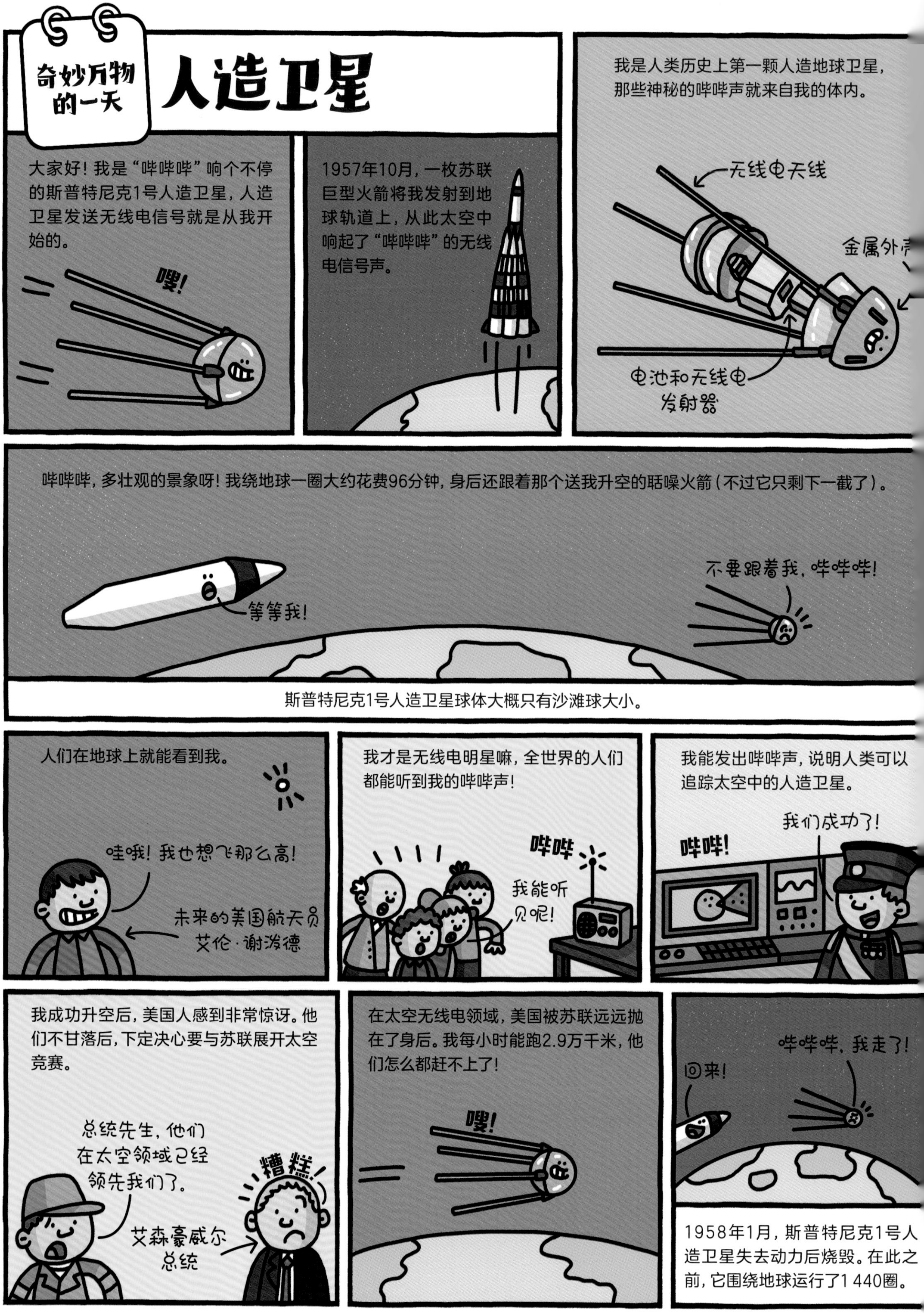
奇妙万物的一天
人造卫星
大家好！我是“哔哔哔”响个不停的斯普特尼克1号人造卫星，人造卫星发送无线电信号就是从我开始的。
嗖！
1957年10月，一枚苏联巨型火箭将我发射到地球轨道上，从此太空中响起了“哔哔哔”的无线电信号声。
我是人类历史上第一颗人造地球卫星，那些神秘的哔哔声就来自我的体内。
无线电天线
金属外
电池和无线电发射器
哔哔哔，多壮观的景象呀！我绕地球一圈大约花费96分钟，身后还跟着那个送我升空的聒噪火箭（不过它只剩下一截了）。
等等我！
不要跟着我，哔哔哔！
斯普特尼克1号人造卫星球体大概只有沙滩球大小。
人们在地球上就能看到我。
哇哦！我也想飞那么高！
未来的美国航天员艾伦·谢泼德
我才是无线电明星嘛，全世界的人们都能听到我的哔哔声！
哔哔
我能听见呢！
我能发出哔哔声，说明人类可以追踪太空中的人造卫星。
哔哔！
我们成功了！
我成功升空后，美国人感到非常惊讶。他们不甘落后，下定决心要与苏联展开太空竞赛。
总统先生，他们在太空领域已经领先我们了。
糟糕！
艾森豪威尔总统
在太空无线电领域，美国被苏联远远抛在了身后。我每小时能跑2.9万千米，他们怎么都赶不上了！
嗖！
回来！
哔哔哔，我走了！
1958年1月，斯普特尼克1号人造卫星失去动力后烧毁。在此之前，它围绕地球运行了1 440圈。

拓展知识

飞离地球的生灵

70多年来，人类一直致力于研究太空旅行的风险，在这个过程中动物一直发挥着非常重要的作用（当然，它们别无选择）。人类都是首先在其他物种身上试验升空、失重和太空辐射带来的危险。接下来要介绍的就是一些大名鼎鼎的太空动物。

高空果蝇

不起眼的果蝇是进入太空的首个地球物种。1947年，美国人缴获了一枚V-2火箭，后来科学家们将一群果蝇装在火箭鼻锥中，将它们送到距离地球109千米的高空。

太空犬

1957年11月，莫斯科街头的流浪狗莱卡成为第一个绕地飞行的动物。它在执行任务期间不幸死亡，这让许多动物爱好者感到十分愤怒。

太空猫的完美着陆

1963年，小母猫费莉切特成为第一只（也是迄今为止唯一一只）太空猫。那时，法国人将它送入太空。后来，它安全返回地球，被法国人奉为“英雄”。

绕月飞行的乌龟

1968年，苏联将两只乌龟（以及一些黄粉虫幼虫）送入月球轨道。它们成为第一批完成绕月飞行的动物。

太空蜘蛛

安妮塔和阿拉贝拉是两只十字园蛛。1973年，美国航天员带着它们飞往天空实验室，观测失重环境是否会影响它们结网。起初，这两只园蛛的确受到影响，但它们很快适应了环境，又能编织出精密的蛛网了。

太空中的幸存者

2007年，一些缓步动物进入一架科研卫星，在太空环境中待了整整12天。12天后，竟然有一些幸存下来，这真是太神奇了（想了解更多信息，参见第110页）。

太空猴的秘密日记

贝克尔生活在美苏太空竞赛时代，是一只见过大世面的雌性松鼠猴。以下选自贝克尔的日记。

这就是我，拍摄于伟大太空之行前

朱庇特号火箭

1959年初

对不起，我不太记得到底是哪天了。我本来生活在秘鲁的丛林里，有人捉住了我，完全不问我愿不愿意，就把我运送到美国佛罗里达州的一家宠物店里。更糟的是，我和其他25只松鼠猴现在又得挪窝了。我们的新主人是美国航天局。他们要用我们来做什么？研究在太空里种香蕉？

一个星期后

现在我终于知道美国航天局为什么要买下我们了。他们要用朱庇特号火箭将我们发射到一个叫作太空的空间去，可我只想待在绿树成荫的地球空间。我打算在科学家面前表现得乖点儿，这样他们就会挑选其他猴子去太空了。

我在太空舱中

第二天

好吧，我完全想错了，这下可把自己坑惨了。科学家们最后选中了我，因为我脾气温和，不吵不闹，很适合参与到他们的实验项目中。他们为我量身打造了特殊的太空舱，还给我准备了一个小小的太空头盔，上面遍布电极，用来监测我的身体变化。真是对我太不公平了！

1959年5月28日（凌晨）

看来我要被迫出发旅行了。今天黎明前，科学家们把我和一只体形较大的猕猴安置在朱庇特号火箭鼻锥的太空舱内。他们把我的伙伴称作“艾布尔”，又把我叫作“贝克尔”。火箭上还放着一些人类血液样本、酵母菌、细菌、芥末籽和洋葱。可惜没有香蕉。真讨厌！

我的旅伴

1959年5月28日（深夜）

太棒了！我们活下来了！火箭来到了距地球480千米的高空，整个飞行持续了16分钟，其中有9分钟我们都处于失重状态。后来，火箭溅落到大海中，然后一艘大船开了过来，几个船员把我们救起来了。有人把我救起来时，我趁机咬了他的胳膊一口。他活该，又不是我想去太空的，这些人都没安好心！

第二天

我出名了！各大报纸和电视新闻对我和艾布尔一通赞美，把我们称为“猴子航天员”。我还站在一枚火箭模型上拍了照。我们活下来了，这让美国人欢欣振奋，毕竟他们终于在美苏太空竞赛中扳回了一局。当然，我也很高兴自己还活着。那些太空香蕉在哪里？

劫后余生的我，拍摄于这次伟大太空之行后

贝克尔活到了27岁（创造了松鼠猴的长寿纪录！）。在这场太空飞行25周年纪念日那天，人们还专门准备了浇上草莓果冻的香蕉供它享用。

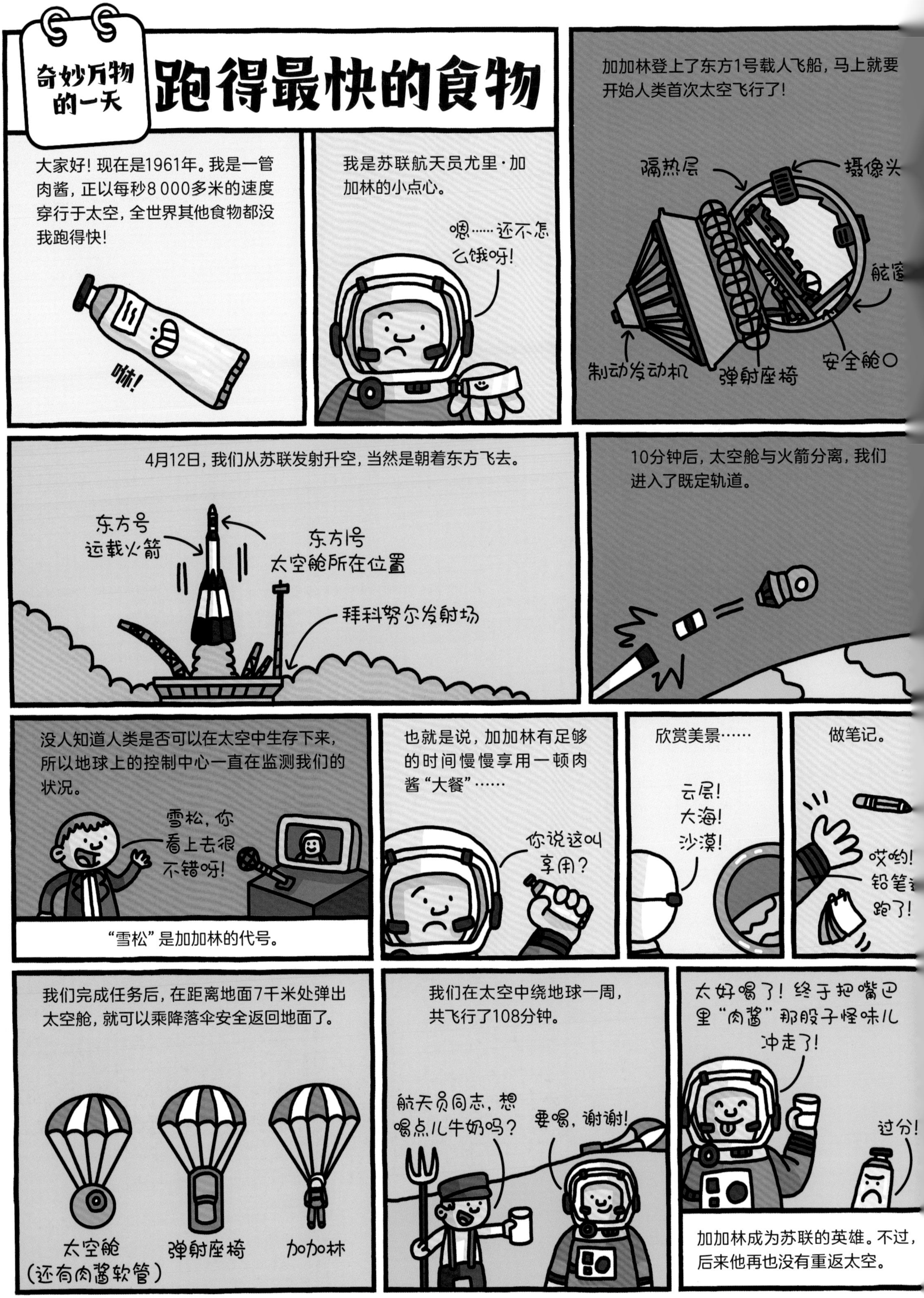

奇妙万物的一天
跑得最快的食物
大家好！现在是1961年。我是一管肉酱，正以每秒8 000多米的速度穿行于太空，全世界其他食物都没我跑得快！
咻！
我是苏联航天员尤里·加加林的小点心。
嗯……还不怎么饿呀！
加加林登上了东方1号载人飞船，马上就要开始人类首次太空飞行了！
隔热层
摄像头
舱
制动发动机
弹射座椅
安全舱
4月12日，我们从苏联发射升空，当然是朝着东方飞去。
东方号运载火箭
东方1号太空舱所在位置
拜科努尔发射场
10分钟后，太空舱与火箭分离，我们进入了既定轨道。
没人知道人类是否可以在太空中生存下来，所以地球上的控制中心一直在监测我们的状况。
雪松，你看上去很不错呀！
“雪松”是加加林的代号。
也就是说，加加林有足够的时间慢慢享用一顿肉酱“大餐”……
你说这叫享用？
欣赏美景……
云层！
大海！
沙漠！
做笔记。
哎哟！
铅笔
跑了！
我们完成任务后，在距离地面7千米处弹出太空舱，就可以乘降落伞安全返回地面了。
太空舱（还有肉酱软管）
弹射座椅
加加林
我们在太空中绕地球一周，共飞行了108分钟。
航天员同志，想喝点儿牛奶吗？
要喝，谢谢！
太好喝了！终于把嘴巴里“肉酱”那股子怪味儿冲走了！
过分！
加加林成为苏联的英雄。不过，后来他再也没有重返太空。

拓展知识

太空佼佼者

苏联航天员尤里·加加林是第一个完成太空飞行的人。除了他之外，还有很多航天员也在世界航天史上留下了浓墨重彩的一笔。

瓦莲京娜·捷列什科娃

苏联航天员瓦莲京娜是一位老练的跳伞运动员。1963年，她成为人类历史上第一位进入太空的女性航天员。她的代号是“柴卡”（俄语意思是“海鸥”）。迄今为止，她仍是有史以来首次进入太空最年轻的女航天员。

艾伦·谢泼德

1961年，艾伦成为第一个进入太空的美国人（参见第73页）。10年后，他登上了月球，时至今日他仍是唯一一个在月球表面打过高尔夫的人。

尼尔·阿姆斯特朗

1969年7月20日，美国航天员阿姆斯特朗成为第一个在月球上行走的人（参见第83页）。他也因此成为美国家喻户晓的人物，就连他的头发都有人重金收藏。

杨利伟

2003年，杨利伟成为首位进入太空的中国航天员。这次任务使中国成为世界上第三个独立开展载人航天活动的国家。

丹尼斯·蒂托

美国工程师丹尼斯成为第一个太空游客。2001年，他支付了2 000万美元，来到国际空间站上待了8天。

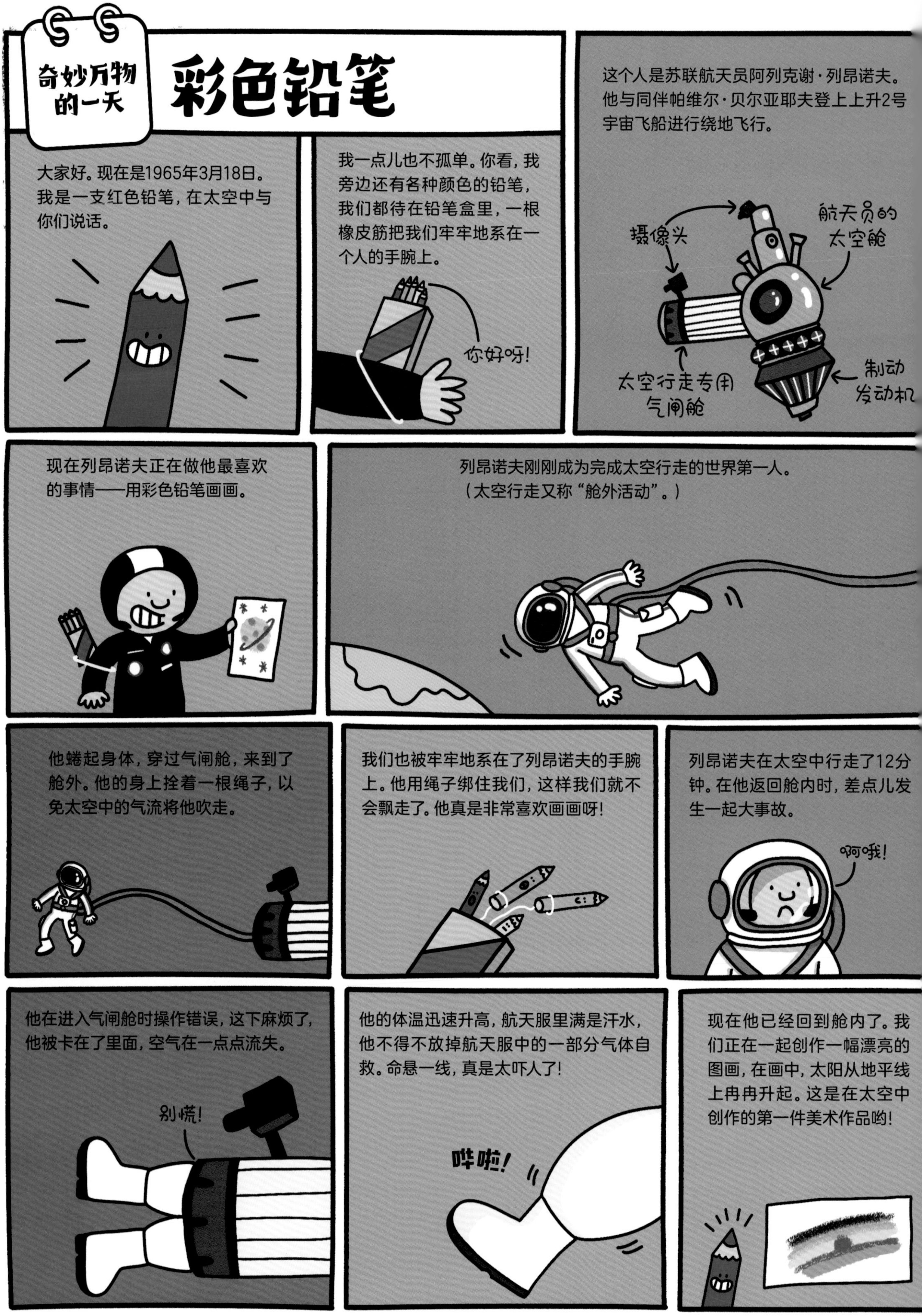
奇妙万物的一天
彩色铅笔
这个人是苏联航天员阿列克谢·列昂诺夫。他与同伴帕维尔·贝尔亚耶夫登上上升2号宇宙飞船进行绕地飞行。
摄像头
航天员的太空舱
太空行走专用气闸舱
制动发动机
大家好。现在是1965年3月18日。我是一支红色铅笔，在太空中与你们说话。
我一点儿也不孤单。你看，我旁边还有各种颜色的铅笔，我们都待在铅笔盒里，一根橡皮筋把我们牢牢地系在一个人的手腕上。
你好呀！
现在列昂诺夫正在做他最喜欢的事情——用彩色铅笔画画。
列昂诺夫刚刚成为完成太空行走的世界第一人。（太空行走又称“舱外活动”。）
他蜷起身体，穿过气闸舱，来到了舱外。他的身上拴着一根绳子，以免太空中的气流将他吹走。
我们也被牢牢地系在了列昂诺夫的手腕上。他用绳子绑住我们，这样我们就不会飘走了。他真是非常喜欢画画呀！
列昂诺夫在太空中行走了12分钟。在他返回舱内时，差点儿发生一起大事故。
啊哦！
他在进入气闸舱时操作错误，这下麻烦了，他被卡在了里面，空气在一点点流失。
别慌！
他的体温迅速升高，航天服里满是汗水，他不得不放掉航天服中的一部分气体自救。命悬一线，真是太吓人了！
哔啦！
现在他已经回到舱内了。我们正在一起创作一幅漂亮的图画，在画中，太阳从地平线上冉冉升起。这是在太空中创作的第一件美术作品哟！

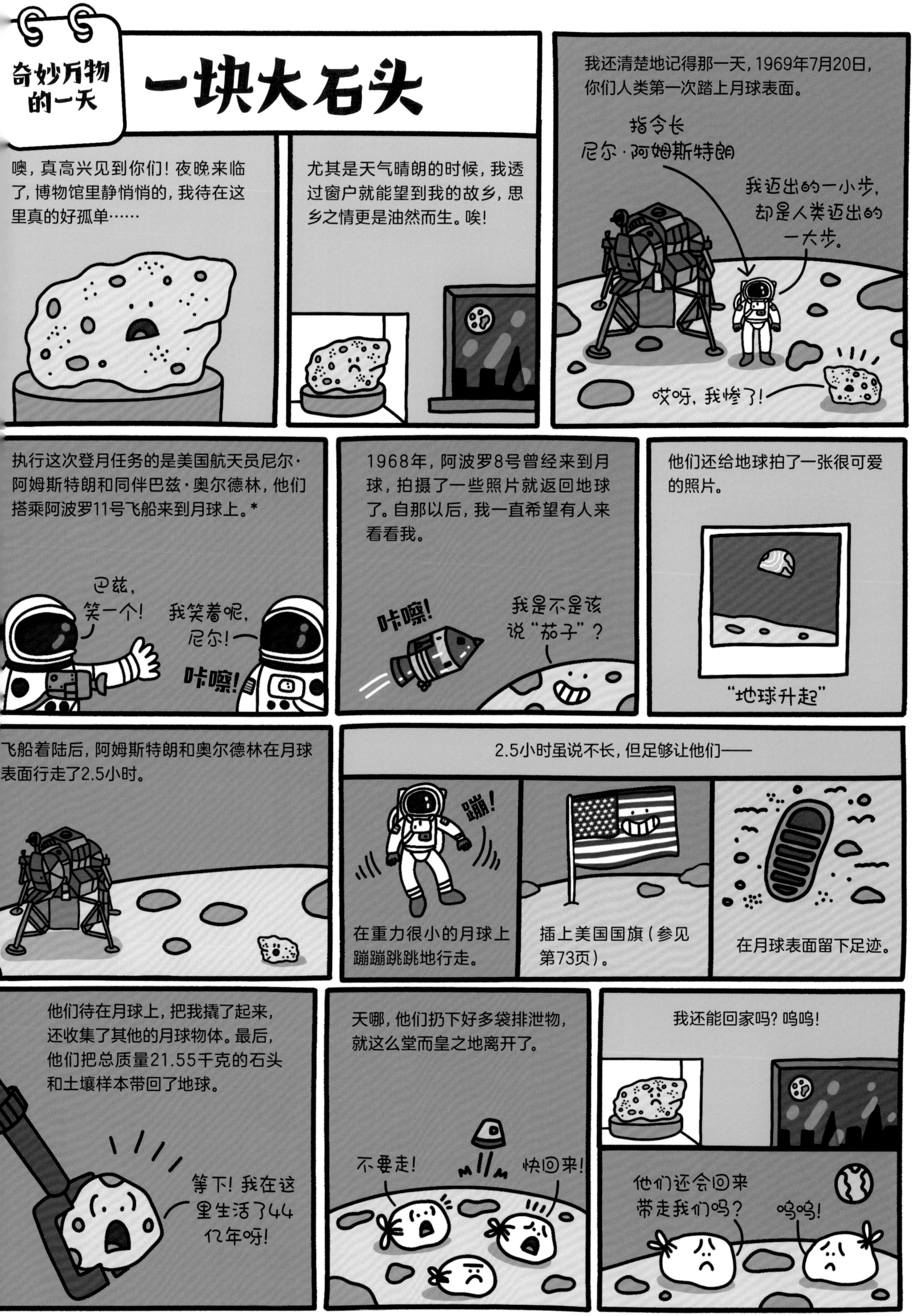
奇妙万物的一天
一块大石头
噢，真高兴见到你们！夜晚来临了，博物馆里静悄悄的，我待在这里真的好孤单……
尤其是天气晴朗的时候，我透过窗户就能望到我的故乡，思乡之情更是油然而生。唉！
我还清楚地记得那一天，1969年7月20日，你们人类第一次踏上月球表面。
指令长
尼尔·阿姆斯特朗
我迈出的一小步，却是人类迈出的一大步。
哎呀，我惨了！
执行这次登月任务的是美国航天员尼尔·阿姆斯特朗和同伴巴兹·奥尔德林，他们搭乘阿波罗11号飞船来到月球上。*
巴兹，笑一个！
我笑着呢，尼尔！
咔嚓！
1968年，阿波罗8号曾经来到月球，拍摄了一些照片就返回地球了。自那以后，我一直希望有人来看看我。
咔嚓！
我是不是该说“茄子”？
他们还给地球拍了一张很可爱的照片。
“地球升起”
飞船着陆后，阿姆斯特朗和奥尔德林在月球表面行走了2.5小时。
2.5小时虽说不长，但足够让他们——
蹦！
在重力很小的月球上蹦蹦跳跳地行走。
插上美国国旗（参见第73页）。
在月球表面留下足迹。
他们待在月球上，把我撬了起来，还收集了其他的月球物体。最后，他们把总质量21.55千克的石头和土壤样本带回了地球。
等下！我在这里生活了44亿年呀！
天哪，他们扔下好多袋排泄物，就这么堂而皇之地离开了。
不要走！
快回来！
我还能回家吗？呜呜！
他们还会回来带走我们吗？
呜呜！

*执行这次登月任务的航天员还有迈克尔·柯林斯。阿姆斯特朗和奥尔德林在月球表面行走期间，他一直留守在指令舱内。

拓展知识

1969—1972年间，美国航天局的阿波罗计划总共将12位航天员送到了月球上。在强大的土星5号运载火箭推动下，宇宙飞船升上太空，"太空出差三人组"就要开始150万千米的往返旅程了。阿波罗号宇宙飞船利用地球和月球的引力，在"∞"字形曲线轨道上飞行。遗憾的是，在20世纪70年代初，全世界人民通过电视直播目睹了多起航天史上的爆炸惨剧。

火箭的各级

土星5号运载火箭是三级液体巨型火箭。

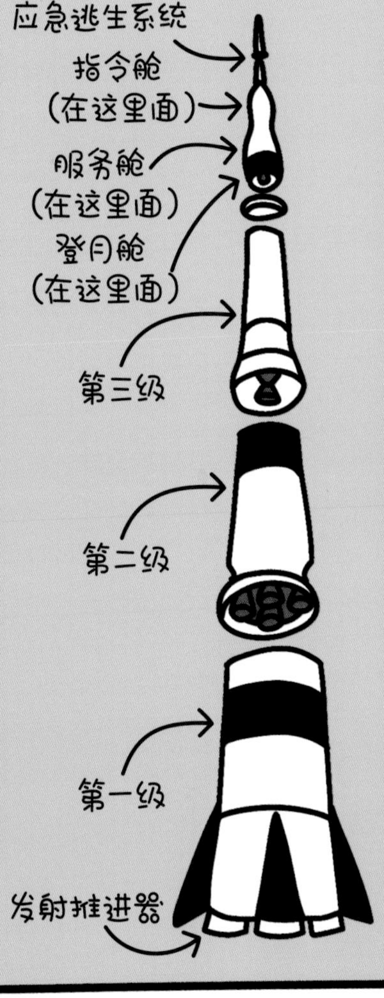

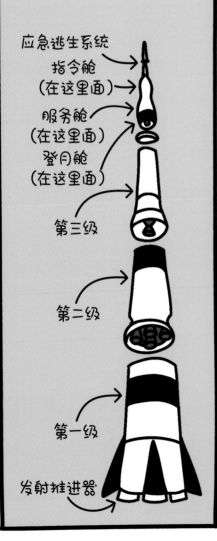

应急逃生系统
指令舱（在这里面）
服务舱（在这里面）
登月舱（在这里面）
第三级
第二级
第一级
发射推进器

阿波罗计划：从发射升空到返回地球

1. 在美国佛罗里达州卡纳维拉尔角的发射场上，宇宙飞船发射升空，进入绕地轨道，然后飞向月球。
2. 燃料耗尽后，三级火箭依次脱落。

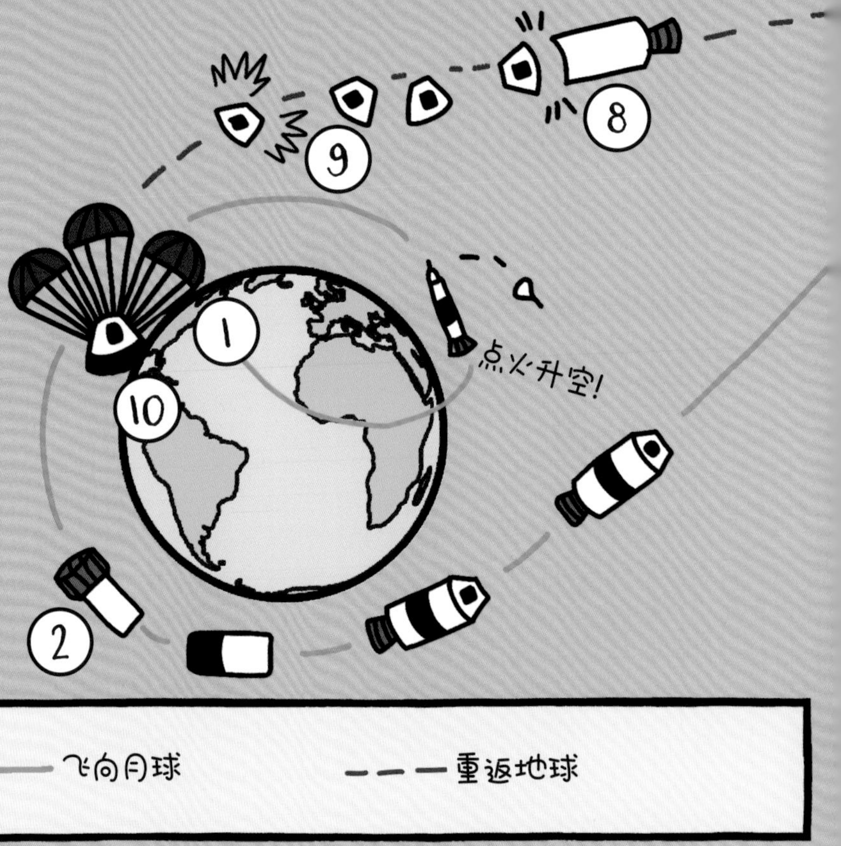

8
9
1
10
点火升空！
2
飞向月球
重返地球

飞向月球与重返地球

3. 第三级火箭脱落后，载人指令舱和服务舱调整方向，与登月舱对接。

现在指令舱、服务舱和登月舱完成接，进行翻转，进入月球轨道。

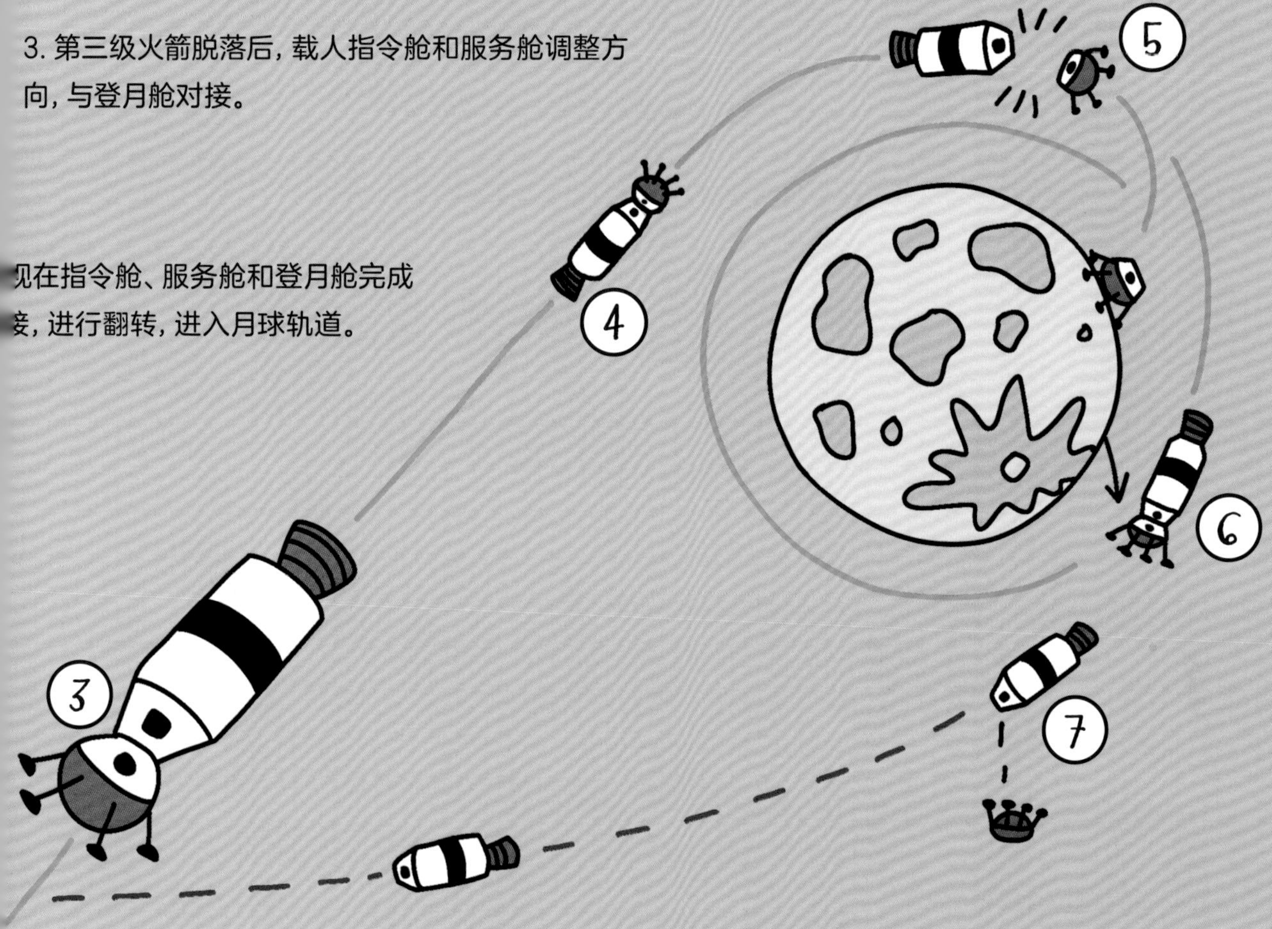
5
4
6
3
7

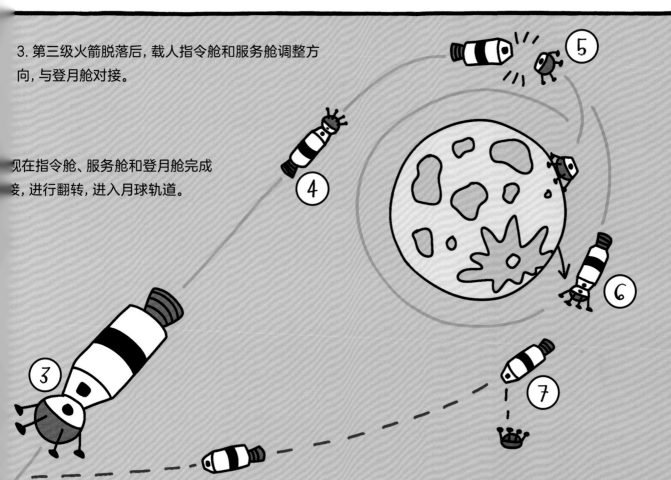

5. 两名航天员进入登月舱，登月舱与指令/服务舱分离，然后在月球上降落。指令/服务舱继续绕月飞行，有一名航天员留在上面。

6. 在月球上停留一段时间后，登月舱点火升空，再次与指令/服务舱对接。

7. 所有航天员回到指令/服务舱后，抛弃登月舱。

8. 接近地球时，载人指令舱与服务舱分离。

9. 指令舱重新调整方向，让隔热防护罩发挥作用，应对地球大气层。在重返地球大气层的过程中，舱外温度会剧烈升高！

10. 降落！指令舱打开三个降落伞，逐渐减速并降落在海面，等待海军舰艇前来救援。

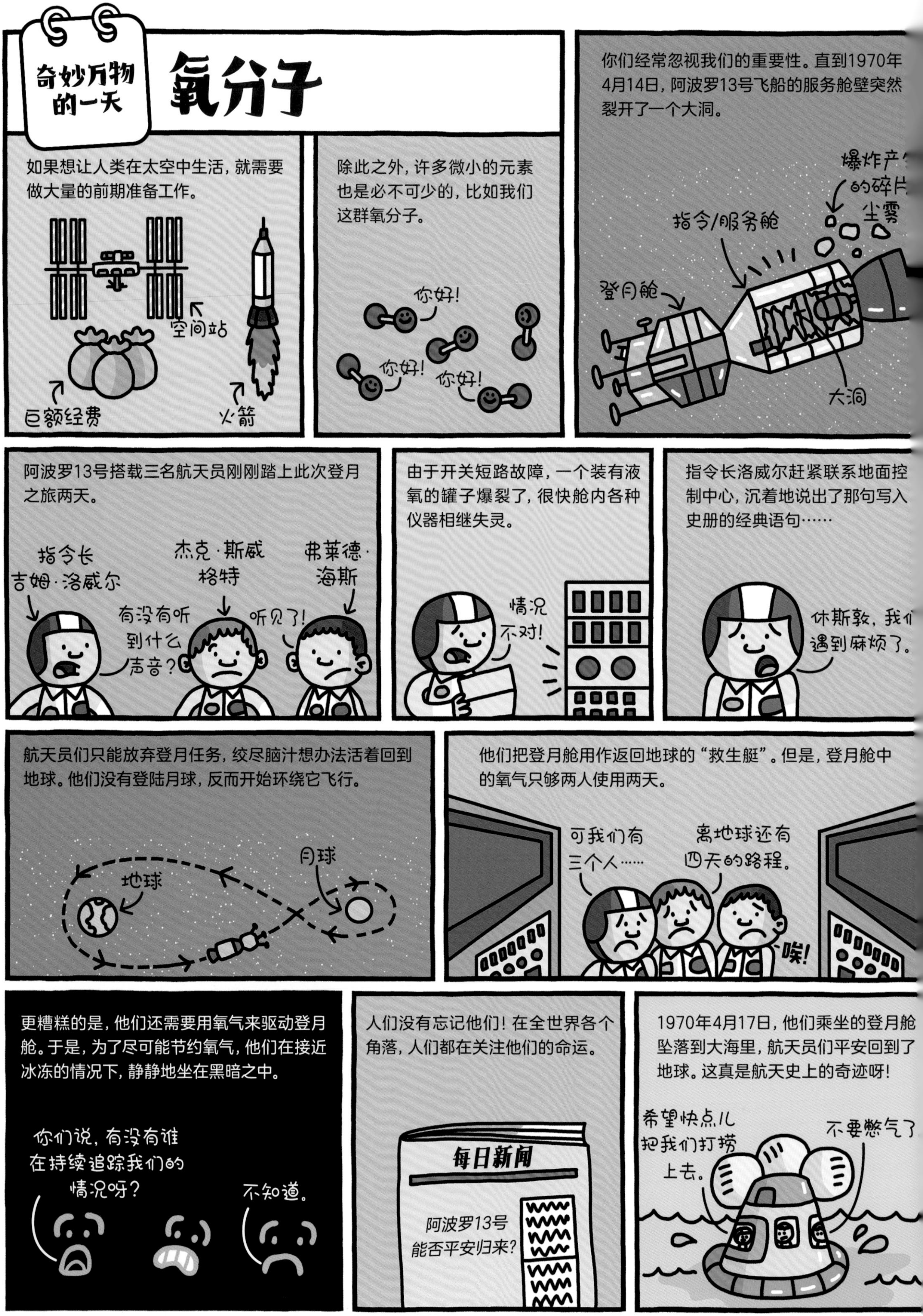
奇妙万物的一天
氧分子
如果想让人类在太空中生活，就需要做大量的前期准备工作。
空间站
巨额经费
火箭
除此之外，许多微小的元素也是必不可少的，比如我们这群氧分子。
你好！
你好！
你好！
你们经常忽视我们的重要性。直到1970年4月14日，阿波罗13号飞船的服务舱壁突然裂开了一个大洞。
爆炸产
的碎片
尘雾
指令/服务舱
登月舱
大洞
阿波罗13号搭载三名航天员刚刚踏上此次登月之旅两天。
指令长
吉姆·洛威尔
杰克·斯威格特
弗莱德·海斯
有没有听到什么声音？
听见了！
由于开关短路故障，一个装有液氧的罐子爆裂了，很快舱内各种仪器相继失灵。
情况不对！
指令长洛威尔赶紧联系地面控制中心，沉着地说出了那句写入史册的经典语句……
休斯敦，我
遇到麻烦了。
航天员们只能放弃登月任务，绞尽脑汁想办法活着回到地球。他们没有登陆月球，反而开始环绕它飞行。
地球
月球
他们把登月舱用作返回地球的“救生艇”。但是，登月舱中的氧气只够两人使用两天。
可我们有三个人……
离地球还有四天的路程。
唉！
更糟糕的是，他们还需要用氧气来驱动登月舱。于是，为了尽可能节约氧气，他们在接近冰冻的情况下，静静地坐在黑暗之中。
你们说，有没有谁在持续追踪我们的情况呀？
不知道。
人们没有忘记他们！在全世界各个角落，人们都在关注他们的命运。
每日新闻
阿波罗13号能否平安归来？
1970年4月17日，他们乘坐的登月舱坠落到大海里，航天员们平安回到了地球。这真是航天史上的奇迹呀！
希望快点儿把我们打捞上去。
不要憋气了

飞奔去月球

在阿波罗计划最后三次登月行动中，美国航天局又推陈出新啦。月球漫步有点儿老套了，月球车便横空出世。接下来，我们一起看看那些航天史上著名的月球车吧。

岩石样本
采集工具
彩色电视摄像机
挡泥板，挡住飞驰的
车轮扬起的尘埃

加速前进

阿波罗17号指令长尤金·塞尔南驾驶月球车在月球表面行驶，平均速度达到了每小时18千米，创造了月球车最快车速纪录。在点火升空前，月球车正对着登月舱停放，这样摄像头就能够记录下登月舱返回地球的全过程。时至今日，仍有三辆月球车停泊在月球上。

一路前行

苏联科学家研制出的无人驾驶月球车，可在地球上进行远程遥控。这辆车看起来有点儿像架在车轮上的铁皮浴缸。1973年初，苏联将这辆名为月球漫步者2号的无人月球车送上月球表面，并远程控制它行驶了39千米，创造了月球上最远行驶距离纪录！

日本航天局（JAXA）计划将一辆小型球状机器人月球车（直径仅80毫米！）送到月球上，开展月球表面的探索工作。

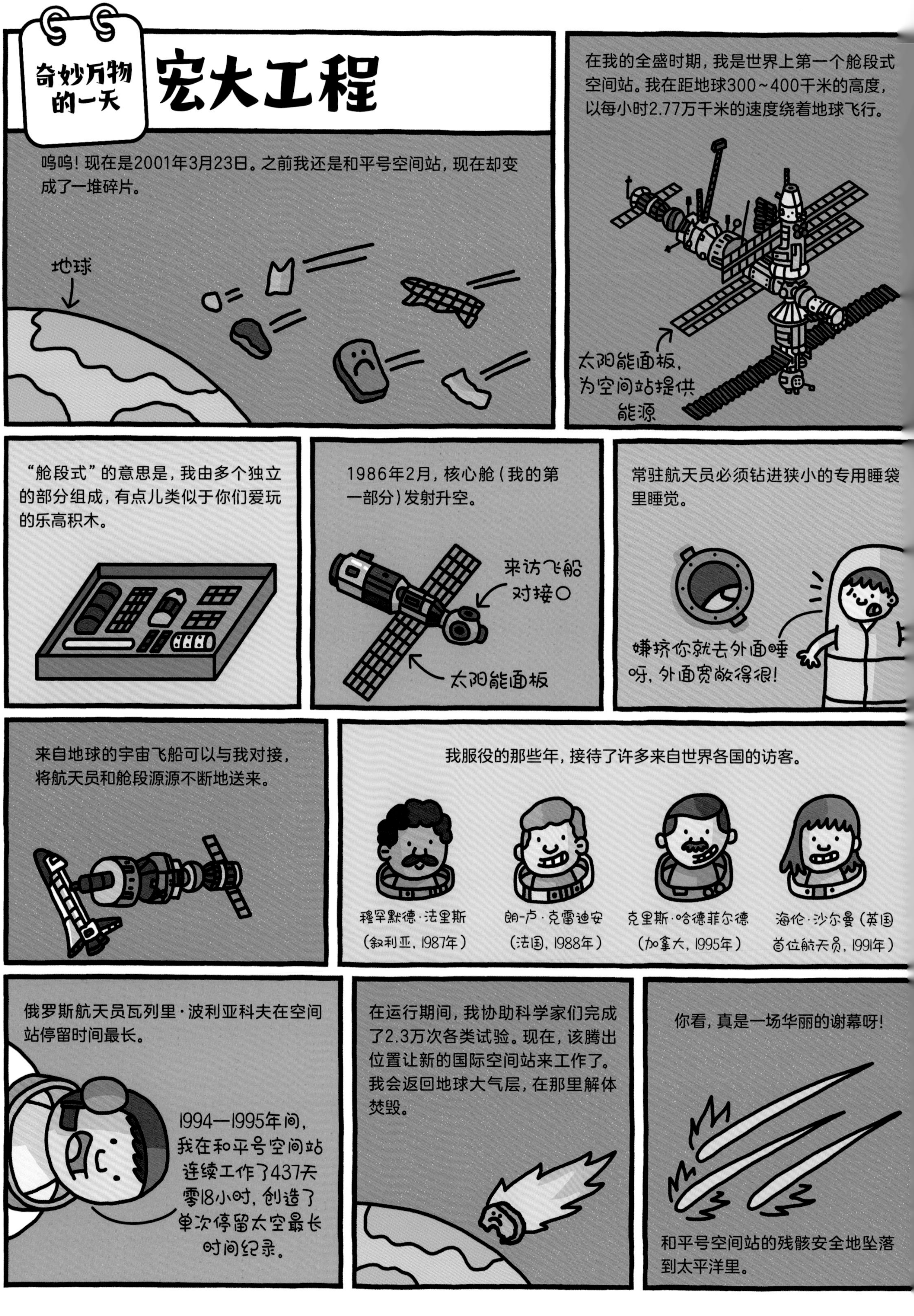

奇妙万物的一天
宏大工程
呜呜！现在是2001年3月23日。之前我还是和平号空间站，现在却变成了一堆碎片。
地球
在我的全盛时期，我是世界上第一个舱段式空间站。我在距地球300~400千米的高度，以每小时2.77万千米的速度绕着地球飞行。
太阳能面板，为空间站提供能源
“舱段式”的意思是，我由多个独立的部分组成，有点儿类似于你们爱玩的乐高积木。
1986年2月，核心舱（我的第一部分）发射升空。
来访飞船对接口
太阳能面板
常驻航天员必须钻进狭小的专用睡袋里睡觉。
嫌挤你就去外面睡呀，外面宽敞得很！
来自地球的宇宙飞船可以与我对接，将航天员和舱段源源不断地送来。
我服役的那些年，接待了许多来自世界各国的访客。
穆罕默德·法里斯（叙利亚，1987年）
朗-卢·克雷迪安（法国，1988年）
克里斯·哈德菲尔德（加拿大，1995年）
海伦·沙尔曼（英国首位航天员，1991年）
俄罗斯航天员瓦列里·波利亚科夫在空间站停留时间最长。
1994—1995年间，我在和平号空间站连续工作了437天零18小时，创造了单次停留太空最长时间纪录。
在运行期间，我协助科学家们完成了2.3万次各类试验。现在，该腾出位置让新的国际空间站来工作了。我会返回地球大气层，在那里解体焚毁。
你看，真是一场华丽的谢幕呀！
和平号空间站的残骸安全地坠落到太平洋里。

拓展知识

各就各位!

空间站是人类在太空建设的高科技实验室，在近地轨道上长时间运行。科学家们在空间站内开展各种试验。其中一项研究内容是，在人类有朝一日前往火星之前，了解长期太空生活究竟会对生物产生什么影响。下面就是一些著名的空间站，它们有的已成为过去，有的现在仍在运转，还有的刚刚上岗。

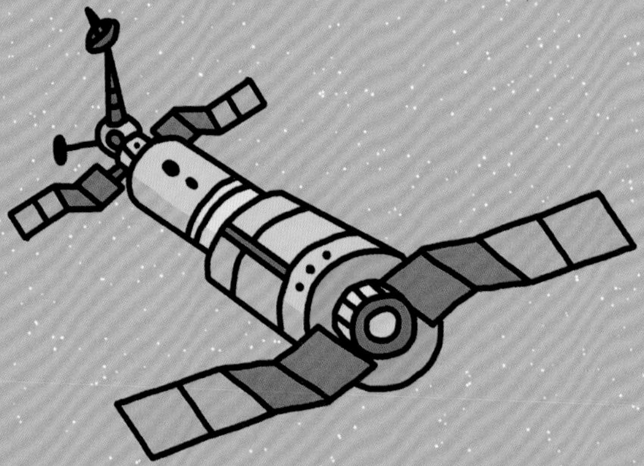

礼炮1号空间站

礼炮1号空间站是人类历史上首个轨道空间站。1971年，苏联将它发射升空，并命名为“礼炮号”，以纪念首位进入太空的航天员尤里·加加林。

天空实验室

天空实验室于1973年发射升空，是美国第一个轨道空间站。1979年，它坠入地球大气层，化成无数碎片坠落到澳大利亚西部地区。在服役期间，科学家们在空间站中开展了成百上千次试验。

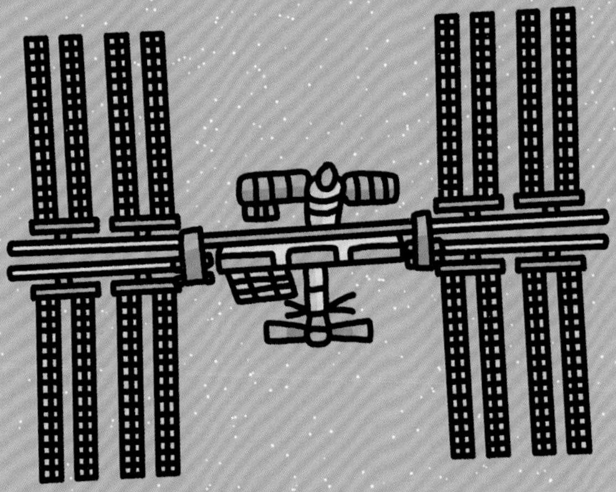

国际空间站

国际空间站是迄今为止人类建造的最大空间站。自2000年以来，一直有科学家或航天员在上面长期停留。

天宫空间站

2021年，中国将天宫空间站的第一个舱段发射升空。2022年底，天宫空间站完成在轨建造。上图显示了天宫空间站建成后的模样。

太空鼠的秘密日记

科学家们将小鼠带到国际空间站，研究失重对生物的影响。以下是一只代号为“ROD-3NT”的小鼠的日记。

我们在笼子里四处飘浮

第一天

今天我们上天了！就在几个小时前，装着我和其他9只小鼠的笼子被放进了立在地上的一枚闪闪发亮的大火箭里。现在，我们在笼子里飘浮起来了。我们好像来到了一个实验室里，那些人把它叫作“国际空间站”。我听到两个人（这里总共有六个人）说，他们明天就要开始观察我们。好吧，他们那一套我也会——他们要研究我们，我也反过来研究他们！

在空间站里，
人类是这样睡觉的。

第二天

我开始观察人类的活动了！我用尾巴卷住笼子的栏杆，将自己固定下来。我发现人类也是这样睡觉的。他们把睡袋固定在舱壁上。有人醒来后，就从水袋中挤出一点儿水抹在脸上。水贴在他的皮肤上，他必须用毛巾把水擦干。我觉得他们不可能随心所欲地使用水，因为水会飘浮在空中，到处都是——就像我们小鼠飘在笼子里一样！

吭哧!
吭哧!
这个人跑了半天，还在原地踏步!

第四天

今天，我看到一个人把自己绑在一台奇怪的机器上，在上面运动了一个多小时。我想这台机器应该是“跑步机”吧。他们每天都要这样运动，才能保持骨骼和肌肉的强壮。看到这一幕，我不由得想起，我在地球上也常常在跑轮上跑来跑去呢。

第五天

我和其他小鼠完全适应了失重状态，这让科学家们高兴极了。他们必须要紧握扶手，才能在空间站内移动，而我们小鼠现在能跑起来了。在这里，一切都似乎变得非常缓慢，大家都笨手笨脚的，但这座庞大的空间站却敏捷得很，它每90分钟就会绕地球一周，速度快得不得了。对了，我们每天会见到16次日出哟!

飘来
飘去
坚持住! 又来了一个人!

第六天

今天是星期天，空间站里大多数人都放假了。一些人给他们的家人发电子邮件或打电话。其他人静静倚靠在窗边，欣赏窗外迷人的风景。

好美呀!

第三十天

好哇! 我们的实验结束了。我们终于要回家了。我真的很期待再次踏上坚实的地面! 再见啦!

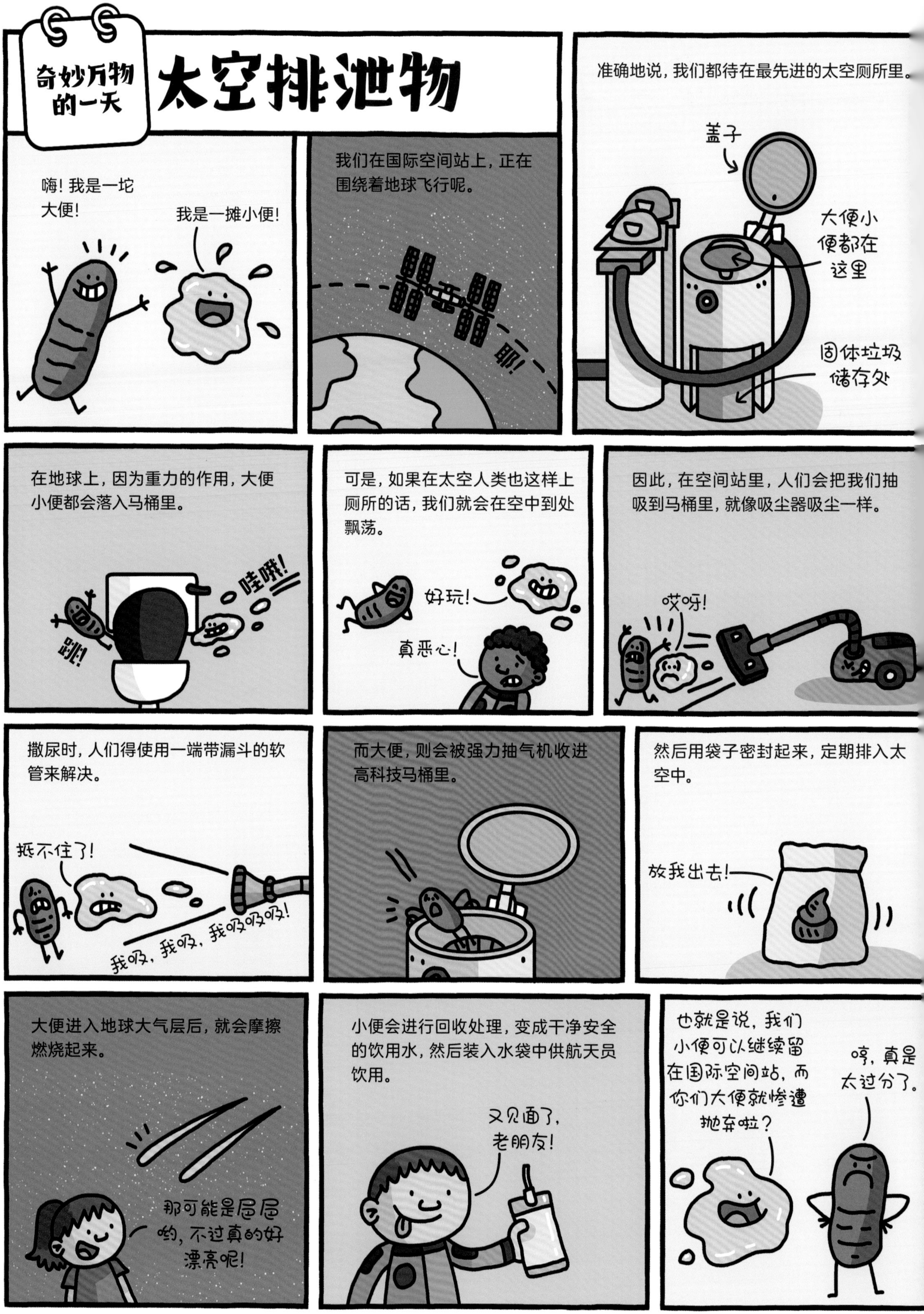
奇妙万物的一天
太空排泄物
嗨！我是一坨大便！
我是一摊小便！
我们在国际空间站上，正在围绕着地球飞行呢。
耶！
准确地说，我们都待在最先进的太空厕所里。
盖子
大便小便都在这里
固体垃圾储存处
在地球上，因为重力的作用，大便小便都会落入马桶里。
跳！
哇哦！
可是，如果在太空人类也这样上厕所的话，我们就会在空中到处飘荡。
好玩！
真恶心！
因此，在空间站里，人们会把我们抽吸到马桶里，就像吸尘器吸尘一样。
哎呀！
撒尿时，人们得使用一端带漏斗的软管来解决。
抵不住了！
我吸，我吸，我吸吸吸！
而大便，则会被强力抽气机收进高科技马桶里。
然后用袋子密封起来，定期排入太空中。
放我出去！
大便进入地球大气层后，就会摩擦燃烧起来。
那可能是屁屁哟，不过真的好漂亮呢！
小便会进行回收处理，变成干净安全的饮用水，然后装入水袋中供航天员饮用。
又见面了，老朋友！
也就是说，我们小便可以继续留在国际空间站，而你们大便就惨遭抛弃啦？
哼，真是太过分了。

奇妙万物的一天

太空垃圾

大家好！我是一团颜料。

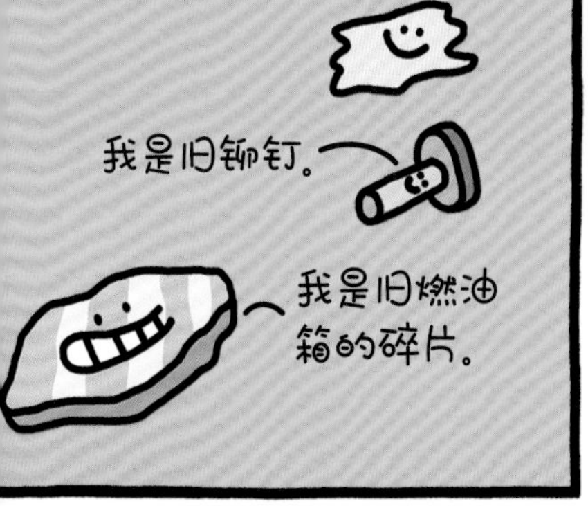
我是旧铆钉。
我是旧燃油箱的碎片。

我们今天想要告诉你，太空中到处都是各种垃圾。

的确如此！现在有超过1亿块像我们一样的太空垃圾在绕着地球飞行，都是过去火箭发射和太空任务产生的。

啧啧……垃圾越来越多了！

跟我们一样，大多数太空垃圾都很小。但是也有些垃圾特别巨大，比如废弃的先锋1号人造卫星。1958年，美国航天局将这颗卫星送入太空，直到今天，它算得上是宇宙中最古老的人造物体了。

我能回家了吗？我玩累了！
我也是！
脱落的火箭级

科学家还在密切监测我们的轨迹，因为我们可能挡住发射升空的火箭，或者撞上正在运行的航天器，如国际空间站。

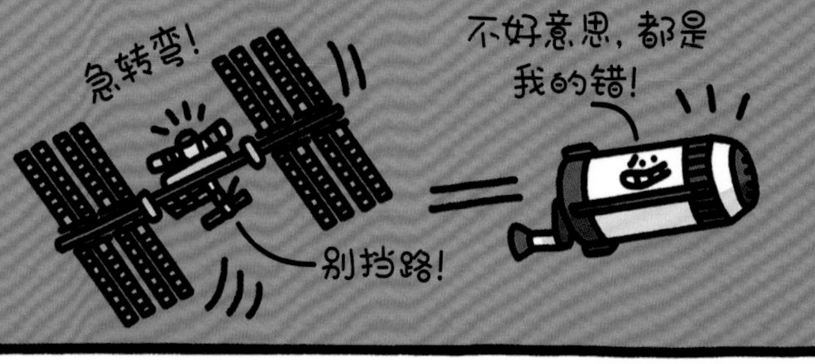
急转弯！
别挡路！
不好意思，都是我的错！

就连微小的太空垃圾都可能造成很大的破坏。2016年，一团颜料撞上国际空间站，在它的窗户上留下一个7毫米的凹洞。

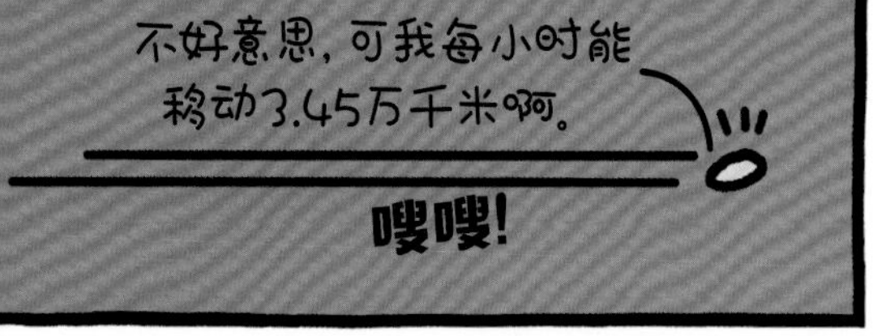
不好意思，可我每小时能移动2.45万千米啊。
嗖嗖！

最常见的太空垃圾都是航天员在执行太空任务时不小心丢失的。时至今日，它们仍在绕地飞行。

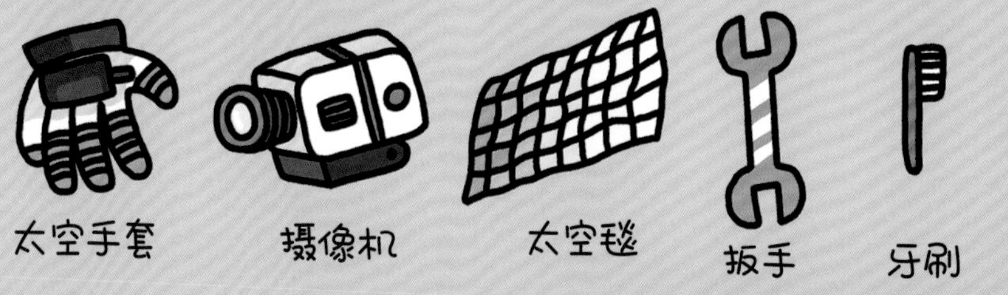
太空手套
摄像机
太空毯
扳手
牙刷

要清除这些垃圾，成本最低的做法是让它们返回地球，在大气层中焚烧殆尽。比如，1979年，重达约75吨的天空实验室就是这样处理干净的。

各位，小心，我来啦！

有些人甚至还买了搞怪安全头盔和创意T恤，准备迎接这场垃圾处理战。

我准备好了！

不过，人类的确需要找到更好的解决方案。巨型太空吸尘器，这个点子怎么样？

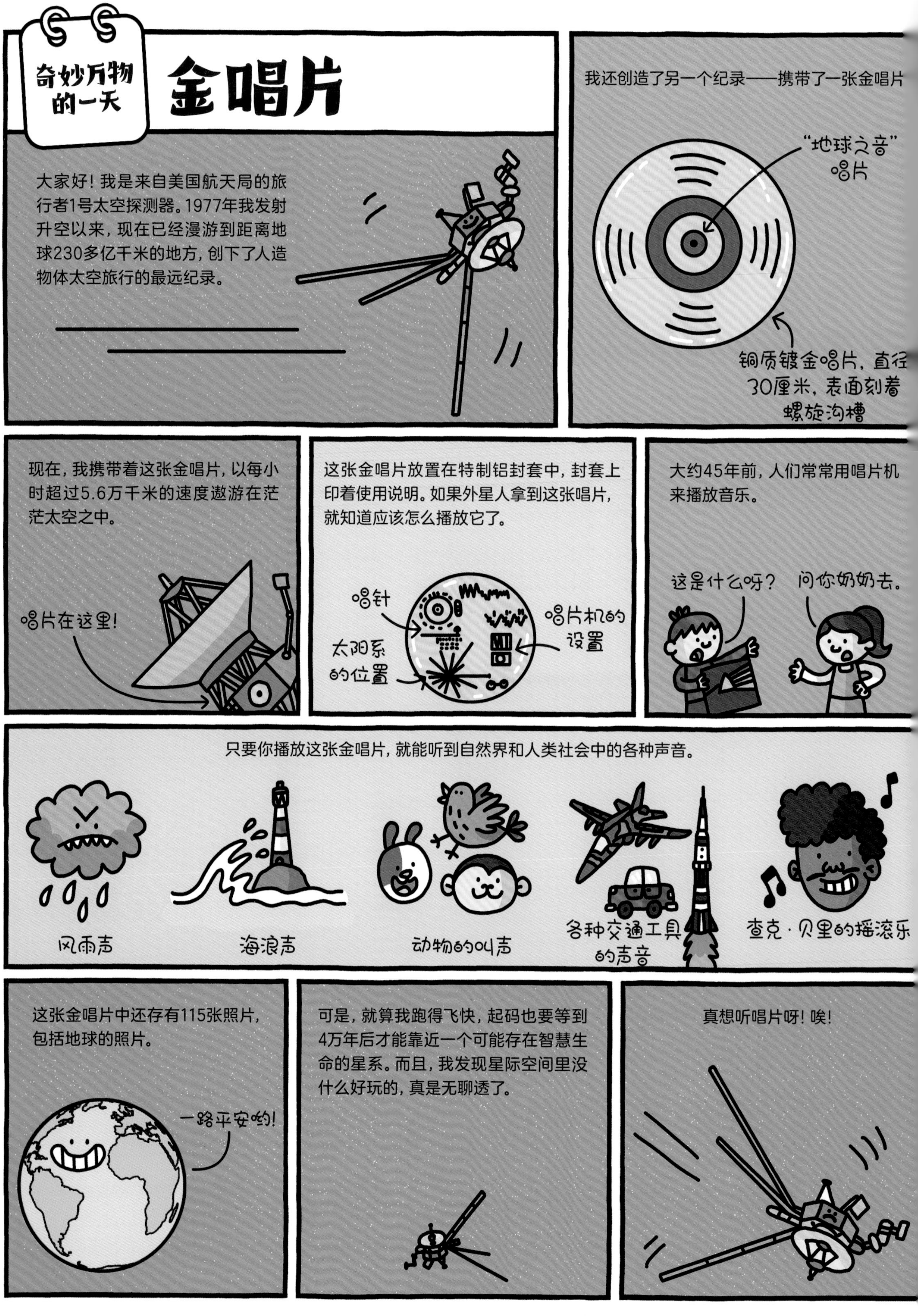
奇妙万物的一天
金唱片
大家好！我是来自美国航天局的旅行者1号太空探测器。1977年我发射升空以来，现在已经漫游到距离地球230多亿千米的地方，创下了人造物体太空旅行的最远纪录。
我还创造了另一个纪录——携带了一张金唱片
“地球之音”唱片
铜质镀金唱片，直径30厘米，表面刻着螺旋沟槽
现在，我携带着这张金唱片，以每小时超过5.6万千米的速度遨游在茫茫太空之中。
唱片在这里！
这张金唱片放置在特制铝封套中，封套上印着使用说明。如果外星人拿到这张唱片，就知道应该怎么播放它了。
唱针
太阳系的位置
唱片机的设置
大约45年前，人们常常用唱片机来播放音乐。
这是什么呀？
问你奶奶去。
只要你播放这张金唱片，就能听到自然界和人类社会中的各种声音。
风雨声
海浪声
动物的叫声
各种交通工具的声音
查克·贝里的摇滚乐
这张金唱片中还存有115张照片，包括地球的照片。
一路平安哟！
可是，就算我跑得飞快，起码也要等到4万年后才能靠近一个可能存在智慧生命的星系。而且，我发现星际空间里没什么好玩的，真是无聊透了。
真想听唱片呀！唉！

拓展知识

太空中的不速之客

自从苏联发射了人类历史上第一颗人造卫星斯普特尼克1号（参见第76页）后，人类就一直在向太空发射各种探测器。大多数探测器都受到地面控制中心的无线电控制，在发生电力耗尽、距离太远或坠毁（有时是故意为之）等情况之前，它们会源源不断地将宝贵的数据传输回地球。下面是航天史上一些著名的探测器。

月球9号（苏联）

1966年，月球9号成为第一个在月球上安全着陆的探测器。它将月球表面的电视画面传回了地球，这是世界航天史上的第一次。

金星9号（苏联）

1975年，金星9号在金星表面着陆。由于金星表面温度过高，运行53分钟后它就被摧毁了。

乔托行星际探测器（欧洲空间局）

1986年，乔托行星际探测器深入探测哈雷彗星，进入了距离彗核600千米的范围内。*

尼尔·舒梅克号（美国）

2001年，尼尔·舒梅克号成为第一个在小行星上着陆的探测器。时至今日，它还停留在那里！

新视野号（美国）

2015年，新视野号成为第一个飞过冥王星的探测器。随后，它继续飞向太空的深处。

星际快车（中国）

中国计划发射星际快车探测器探索星际空间。

果你想知道乔托行星际探测器发现了什么，请读读本书第47页吧。

彗星猎手的秘密日记

节选自罗塞塔号彗星探测器的日记。

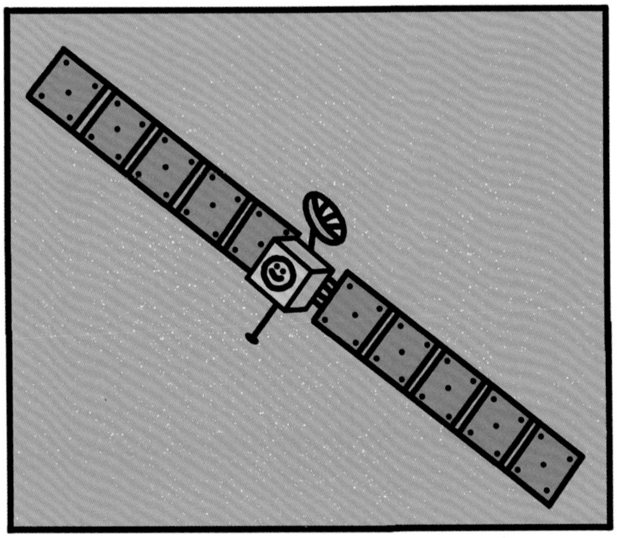

我在太空中的样子

2010年7月

2004年，欧洲空间局将我送入太空。自那以后，时光真是飞逝而过，就像我在太空中嗖嗖飞行一样！我飞得可快了，已经路过地球三次，路过火星一次，甚至还从一对巨大的小行星旁掠过。一路上，我拍摄了许多漂亮的照片，并全部传送回地球。说实话，我想也该让我休息一下了。

不好意思，我太累了，不想继续在太空里闲逛了。

2014年4月

看来我话说得太早了！不好意思，你们已经很久没收到我的消息了。事实上，我已经沉睡两年半了。2011年，我刚刚从木星旁边飞过，欧洲空间局就关闭了我的动力。现在，我终于睡醒了，又可以干活儿了。我正在追踪丘留莫夫-格拉西缅科彗星的踪迹。

2014年9月

哇！我已经成为真正环绕彗星运行的首个太空探测器，与这颗彗星仅仅相隔29千米。我正在向地面控制中心传回大量的照片，等待科学家评估登陆条件，好为我的着陆器找到最合适的着陆点。

丘留莫夫-格拉西缅科彗星

2014年11月12日

今天的消息真是多变，让我又喜又惊。我的菲莱号着陆器尝试在丘留莫夫-格拉西缅科彗星上登陆了三次！彗星表面凹凸不平，很难登陆，它在上面磕磕绊绊，多次落下又弹起，最后停在一个糟糕的位置上。我希望它还能执行任务，协助人类研究这颗彗星。

可怜的菲莱遇到困难了！

2014年11月14日

太棒了！菲莱一直与我保持联系，把大量彗星的数据传送了回来，这让地球上的科学家们高兴极了。但现在菲莱没有回应了。也许它只是像我一样，倒头睡了过去。我希望它能美美睡上一觉，然后精神抖擞地醒过来。

菲莱在哪里？

2015年8月

今天收获满满，真是太开心了！刚才丘留莫夫-格拉西缅科彗星飞过最靠近太阳的位置，我紧紧跟着它，拍下了一些珍贵的照片，收集了一些有用的数据。自7月以来，我再也没有收到菲莱的消息，希望它没事。

菲莱

2016年9月5日

太棒了（真是好事连连呀）！我的摄像头捕捉到了菲莱在丘留莫夫-格拉西缅科彗星上的身影。它被困在一个黑暗的缝隙里，太阳照射不到那里，它的太阳能面板无法充电。我希望它自己待在暗处不会感到孤单。

2016年9月30日

好吧，菲莱很快就有伴了。欧洲空间局决定终止我的探测任务，命令我坠落到丘留莫夫-格拉西缅科彗星上去。现在，我跟菲莱就要永远待在这坨大冰块上，周而复始地绕日飞行。不过，我的这趟飞行总算没有白费，这颗彗星就是我最好的回报。哇哦！

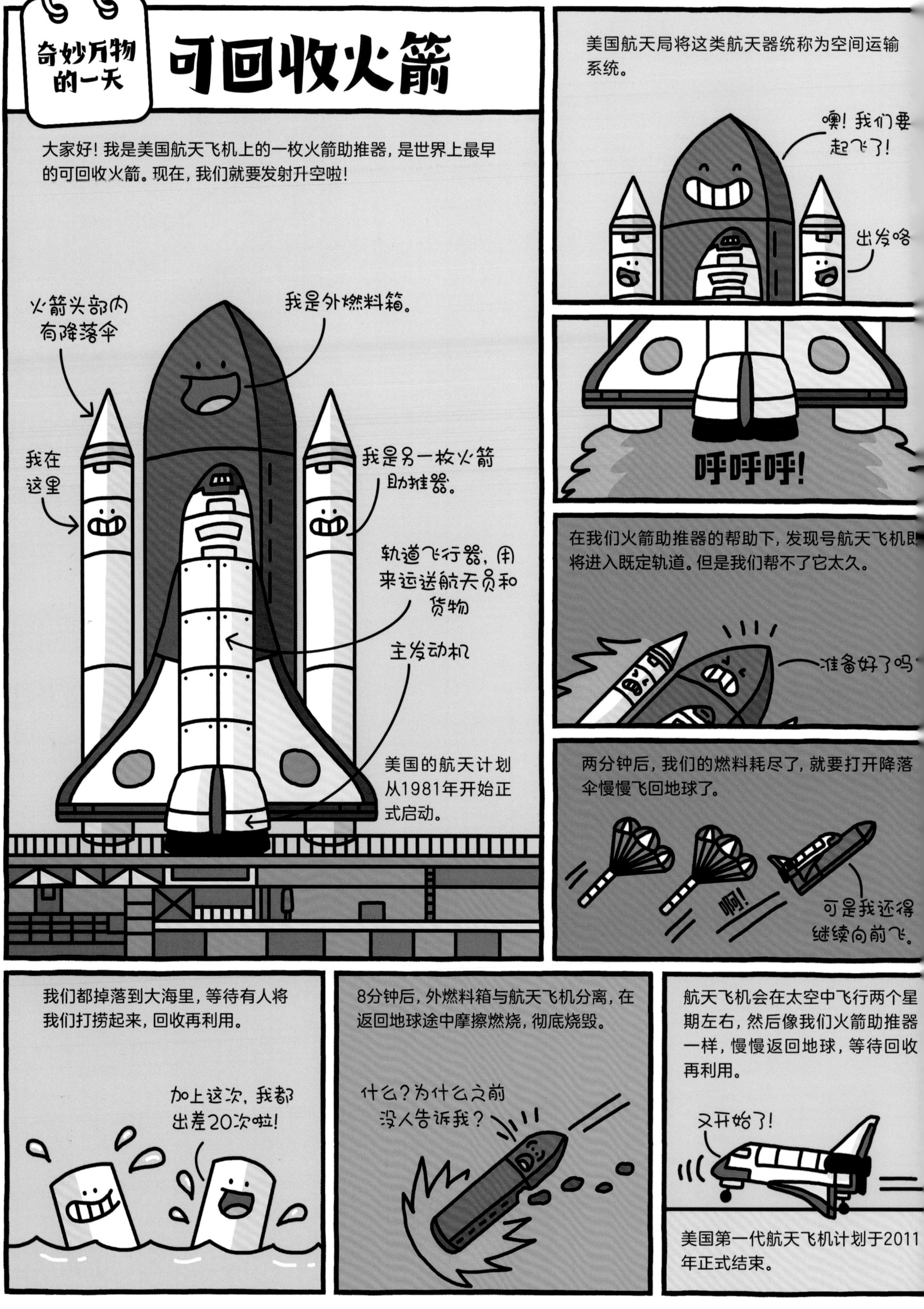
奇妙万物的一天
可回收火箭
大家好！我是美国航天飞机上的一枚火箭助推器，是世界上最早的可回收火箭。现在，我们就要发射升空啦！
火箭头部内有降落伞
我是外燃料箱。
我在这里
我是另一枚火箭助推器。
轨道飞行器，用来运送航天员和货物
主发动机
美国的航天计划从1981年开始正式启动。
美国航天局将这类航天器统称为空间运输系统。
噢！我们要起飞了！
出发咯
呼呼呼！
在我们火箭助推器的帮助下，发现号航天飞机即将进入既定轨道。但是我们帮不了它太久。
准备好了吗
两分钟后，我们的燃料耗尽了，就要打开降落伞慢慢飞回地球了。
啊！
可是我还得继续向前飞。
我们都掉落到大海里，等待有人将我们打捞起来，回收再利用。
加上这次，我都出差20次啦！
8分钟后，外燃料箱与航天飞机分离，在返回地球途中摩擦燃烧，彻底烧毁。
什么？为什么之前没人告诉我？
航天飞机会在太空中飞行两个星期左右，然后像我们火箭助推器一样，慢慢返回地球，等待回收再利用。
又开始了！
美国第一代航天飞机计划于2011年正式结束。

拓展知识

宇宙探索之旅

美国共有五架航天飞机执行过太空任务，它们的称号来源于著名帆船的名字：哥伦比亚号、挑战者号、发现号、亚特兰蒂斯号和奋进号。从1981年开始，航天飞机不仅将许多卫星送入太空，还运送了355名航天员、哈勃空间望远镜（参见第100页）和国际空间站的部分组件。第一代航天飞机计划于2011年结束。在这段时期内，发现号航天飞机（见下图）总共执行了39次太空飞行任务，创造了新的世界纪录。

哈勃空间望远镜

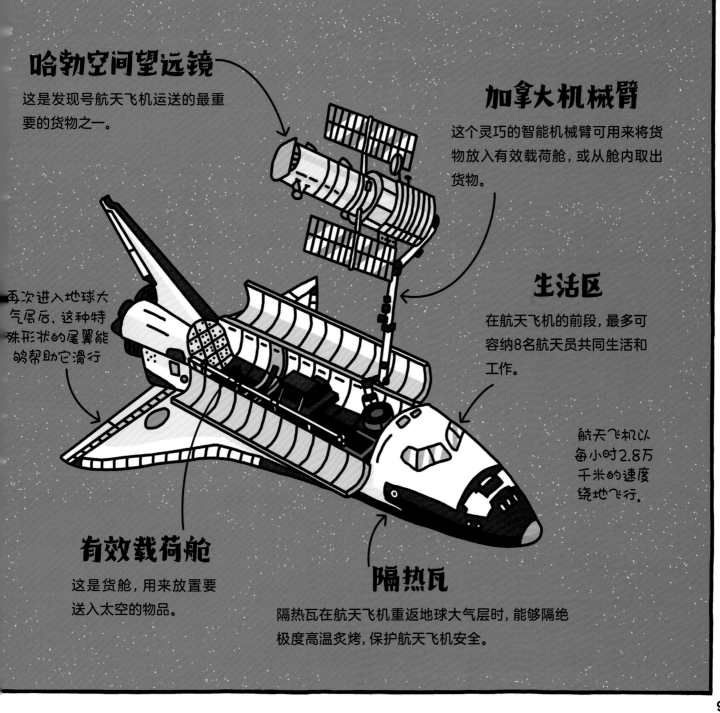

这是发现号航天飞机运送的最重要的货物之一。

加拿大机械臂

这个灵巧的智能机械臂可用来将货物放入有效载荷舱，或从舱内取出货物。

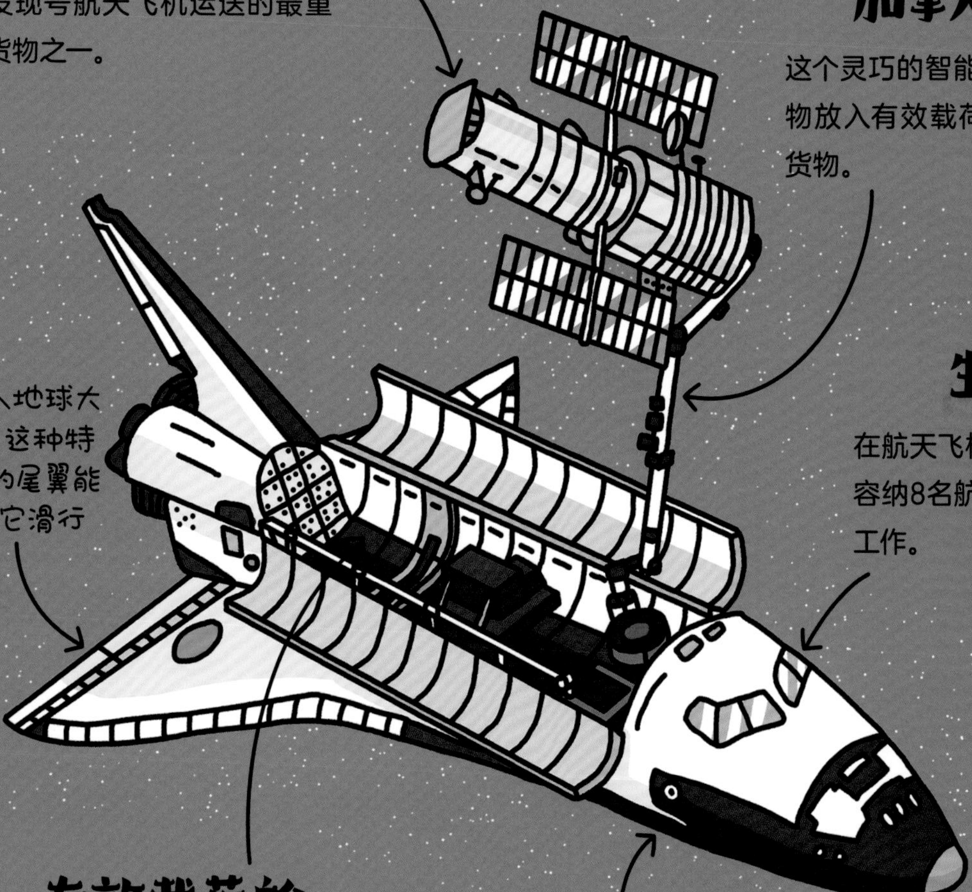

再次进入地球大气层后，这种特殊形状的尾翼能够帮助它滑行
航天飞机以每小时2.8万千米的速度绕地飞行。

生活区

在航天飞机的前段，最多可容纳8名航天员共同生活和工作。

有效载荷舱

这是货舱，用来放置要送入太空的物品。

隔热瓦

隔热瓦在航天飞机重返地球大气层时，能够隔绝极度高温炙烤，保护航天飞机安全。

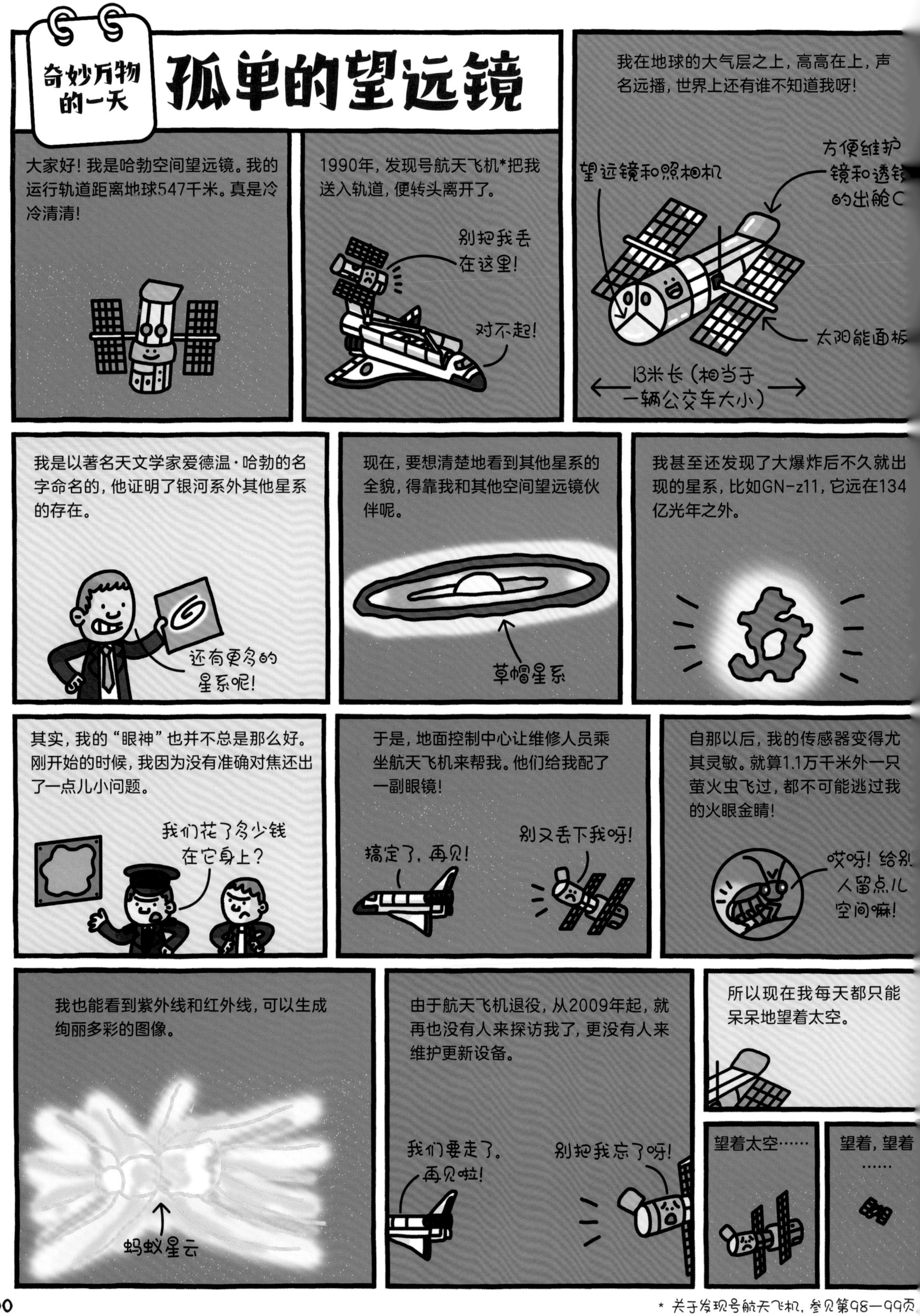
奇妙万物的一天
孤单的望远镜
大家好！我是哈勃空间望远镜。我的运行轨道距离地球547千米。真是冷冷清清！
1990年，发现号航天飞机*把我送入轨道，便转头离开了。
别把我丢在这里！
对不起！
我在地球的大气层之上，高高在上，声名远播，世界上还有谁不知道我呀！
望远镜和照相机
方便维护
镜和透
的出舱
太阳能面板
13米长（相当于一辆公交车大小）
我是以著名天文学家爱德温·哈勃的名字命名的，他证明了银河系外其他星系的存在。
还有更多的星系呢！
现在，要想清楚地看到其他星系的全貌，得靠我和其他空间望远镜伙伴呢。
草帽星系
我甚至还发现了大爆炸后不久就出现的星系，比如GN-z11，它远在134亿光年之外。
其实，我的“眼神”也并不总是那么好。刚开始的时候，我因为没有准确对焦还出了一点儿小问题。
我们花了多少钱在它身上？
于是，地面控制中心让维修人员乘坐航天飞机来帮我。他们给我配了一副眼镜！
搞定了，再见！
别又丢下我呀！
自那以后，我的传感器变得尤其灵敏。就算1.1万千米外一只萤火虫飞过，都不可能逃过我的火眼金睛！
哎呀！给别人留点儿空间嘛！
我也能看到紫外线和红外线，可以生成绚丽多彩的图像。
蚂蚁星云
由于航天飞机退役，从2009年起，就再也没有人来探访我了，更没有人来维护更新设备。
我们要走了。再见啦！
别把我忘了呀！
所以现在我每天都只能呆呆地望着太空。
望着太空……
望着，望着……

* 关于发现号航天飞机，参见第98—99页。

拓展知识

探索星空

哈勃空间望远镜的确是观测天体的绝佳工具。不过，宇宙中还有许多其他的天文台在运行，也会有更多的空间望远镜在不久之后投入使用。以下是一些著名的空间望远镜。

X射线天文台

美国发射的钱德拉X射线天文台能够观测到来自黑洞的X射线，包括银河系正中那个黑洞。它还首次拍下了火星发射的X射线。

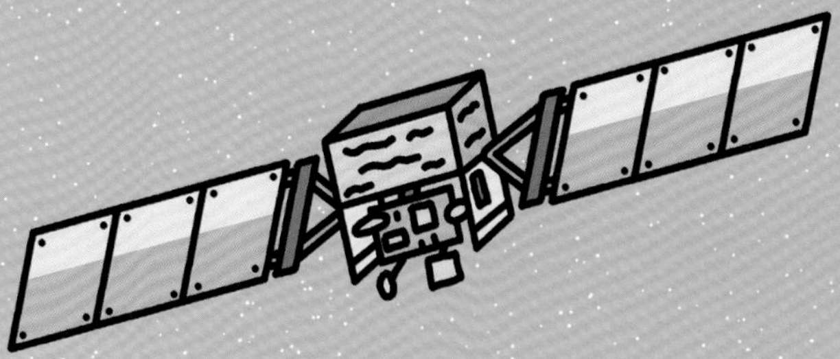

探索暗物质

2008年，美国成功发射了费米伽马射线空间望远镜。这架望远镜已经发现了许多新的脉冲星（参见第55页），还在继续寻找暗物质（参见第66页）。

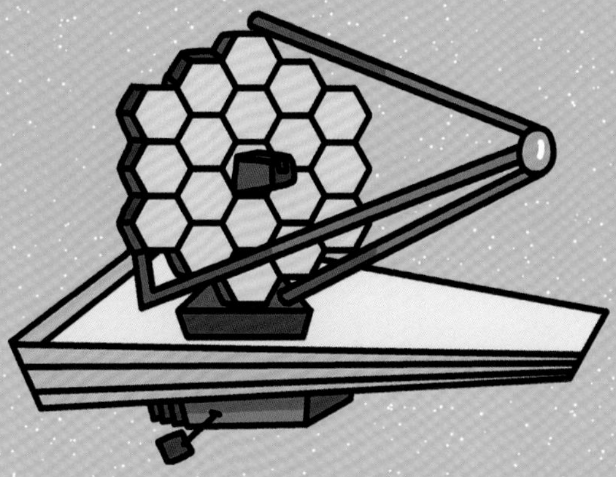

功能更佳

2021年，韦布空间望远镜发射升空，这架望远镜是以美国航天局前任局长的名字命名的。与哈勃空间望远镜相比，它具有更强的观测能力，正在探测宇宙更深处，回望宇宙形成初期的模样。

生命的迹象

欧洲空间局的柏拉图卫星（行星凌星与星震卫星）将于2026年发射。它的任务是在其他恒星的宜居带寻找类似地球的行星，因为那里可能存在生命。

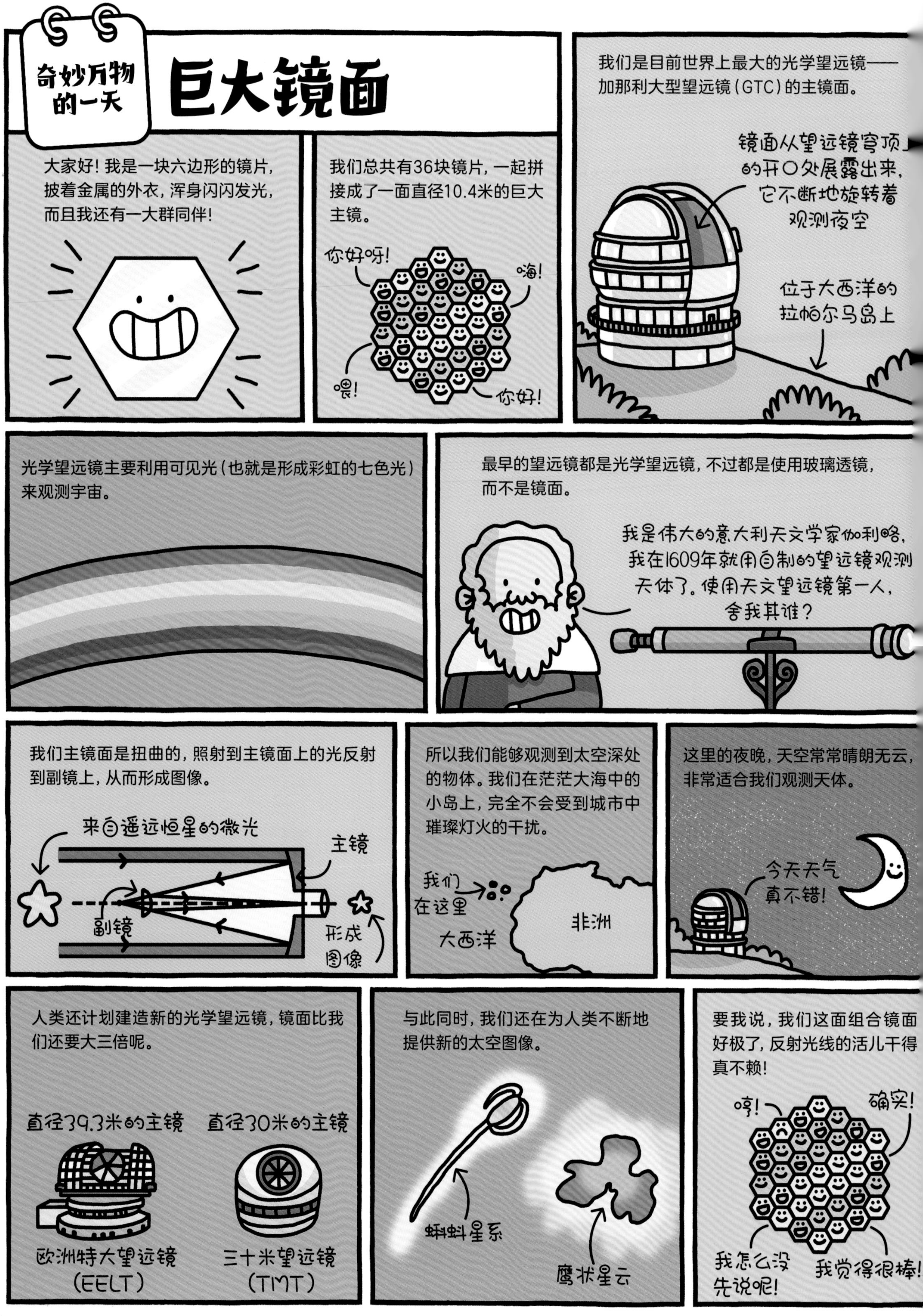

奇妙万物的一天
巨大镜面
我们是目前世界上最大的光学望远镜——加那利大型望远镜（GTC）的主镜面。
镜面从望远镜穹顶的开口处展露出来，它不断地旋转着观测夜空
位于大西洋的拉帕尔马岛上
大家好！我是一块六边形的镜片，披着金属的外衣，浑身闪闪发光，而且我还有一大群同伴！
我们总共有36块镜片，一起拼接成了一面直径10.4米的巨大主镜。
你好呀！
嗨！
喂！
你好！
光学望远镜主要利用可见光（也就是形成彩虹的七色光）来观测宇宙。
最早的望远镜都是光学望远镜，不过都是使用玻璃透镜，而不是镜面。
我是伟大的意大利天文学家伽利略，我在1609年就用自制的望远镜观测天体了。使用天文望远镜第一人，舍我其谁？
我们主镜面是扭曲的，照射到主镜面上的光反射到副镜上，从而形成图像。
来自遥远恒星的微光
主镜
副镜
形成图像
所以我们能够观测到太空深处的物体。我们在茫茫大海中的小岛上，完全不会受到城市中璀璨灯火的干扰。
我们在这里
大西洋
非洲
这里的夜晚，天空常常晴朗无云，非常适合我们观测天体。
今天天气真不错！
人类还计划建造新的光学望远镜，镜面比我们还要大三倍呢。
直径39.3米的主镜
直径30米的主镜
欧洲特大望远镜（EELT）
三十米望远镜（TMT）
与此同时，我们还在为人类不断地提供新的太空图像。
蝌蚪星系
鹰状星云
要我说，我们这面组合镜面好极了，反射光线的活儿干得真不赖！
哼！
确实！
我怎么没先说呢！
我觉得很棒！

拓展知识

收到消息了吗？

射电望远镜能够接收到恒星和星系周围高能粒子发射的无线电信号。射电望远镜大多像一口大锅，它们可以排列在一起，形成一个巨大的射电望远镜阵列。人类一直想要找到太空中的智慧生命，射电望远镜就能够起到关键作用，人类甚至还尝试利用它们联络外星人。

绿岸射电望远镜

绿岸射电望远镜位于美国弗吉尼亚州西部，是世界上最大的可移动望远镜之一。它的直径长达100米，面积比30个网球场还大。自2000年投入运行以来，它一直在寻找来自外星生命的信号。

中国天眼

中国的500米口径球面射电望远镜中国天眼（FAST）建造在一个天然大窝凼里。天眼的面积比30个足球场还要大，是截至21世纪20年代世界上最大的填充孔径射电望远镜。天眼周围5千米是无线电静默区，这个区域禁止使用手机和电脑。

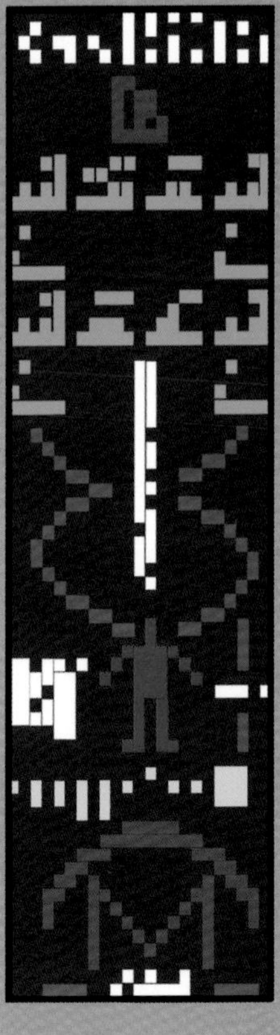

收到阿雷西博留言了吗？

1974年，阿雷西博射电望远镜向太空发送了一串编码信号，这些信号包含的信息有人的外形、太阳系的组成、人类DNA双螺旋形状及阿雷西博射电望远镜本身等。时至今日，人类还未收到外星人的回应，这真是太令人遗憾了。

拓展知识

许多国家的航天员们都曾在国际空间站上停留过一段时间，但是他们进入太空前必须要接受长期“魔鬼式训练”。你是否具备航天员的优秀素质呢？请跟着以下步骤逐一检查，看看你能不能顺利通关，一路走到“发射升空”阶段。

开始

10

取得学位

首先，你必须接受过大学教育。理工科专业（包括工程学和医学）毕业生更符合要求。

9

千里挑一

每当美国航天局招募新一代航天员受训人员时，都会收到几千份申请书。但只有不到千分之一的人能够通过体能测试和面试，成为“天之骄子”。

8

基础理论训练

初期训练要持续两年时间。在此期间，受训人员要学习医疗技能，提高游泳水平，甚至还要学会用俄语阅读和写作。

7

水下训练

受训人员需要穿着航天服，潜入水下训练。每次训练时间长达8小时，这是为了让他们提前适应太空失重状态。

那么，你还想成为航天员吗？

4

虚拟现实技术有用吗？

借助虚拟现实技术，你能够体验在太空中的感觉，并学会操作国际空间站中的各种设备。

3

地下训练

喜欢团队活动吗？你和你的队友们将在黑暗的洞穴里共度一周时间，尽情享受你的集体生活吧！

轰！

5

认真受训

你将登上航天飞行训练模拟器接受训练，了解并掌握国际空间站和其他宇宙飞船的操作技能。

2

优良素质

就快好了！你还需要接受三个多月的训练，整个训练过程都将通过媒体向世界直播。

发射升空！

最后，你终于要出发了！祝你好运，尽情享受你的太空之旅吧！

6

无限坠落

你将乘坐一架飞机，不停地向下俯冲，进行失重飞行训练。这种飞行训练被戏称为“呕吐彗星”。

1

准备开始

你将和队友们一起，接受一项特殊训练任务。这次任务将会持续6年时间，你必须要有锲而不舍的精神。

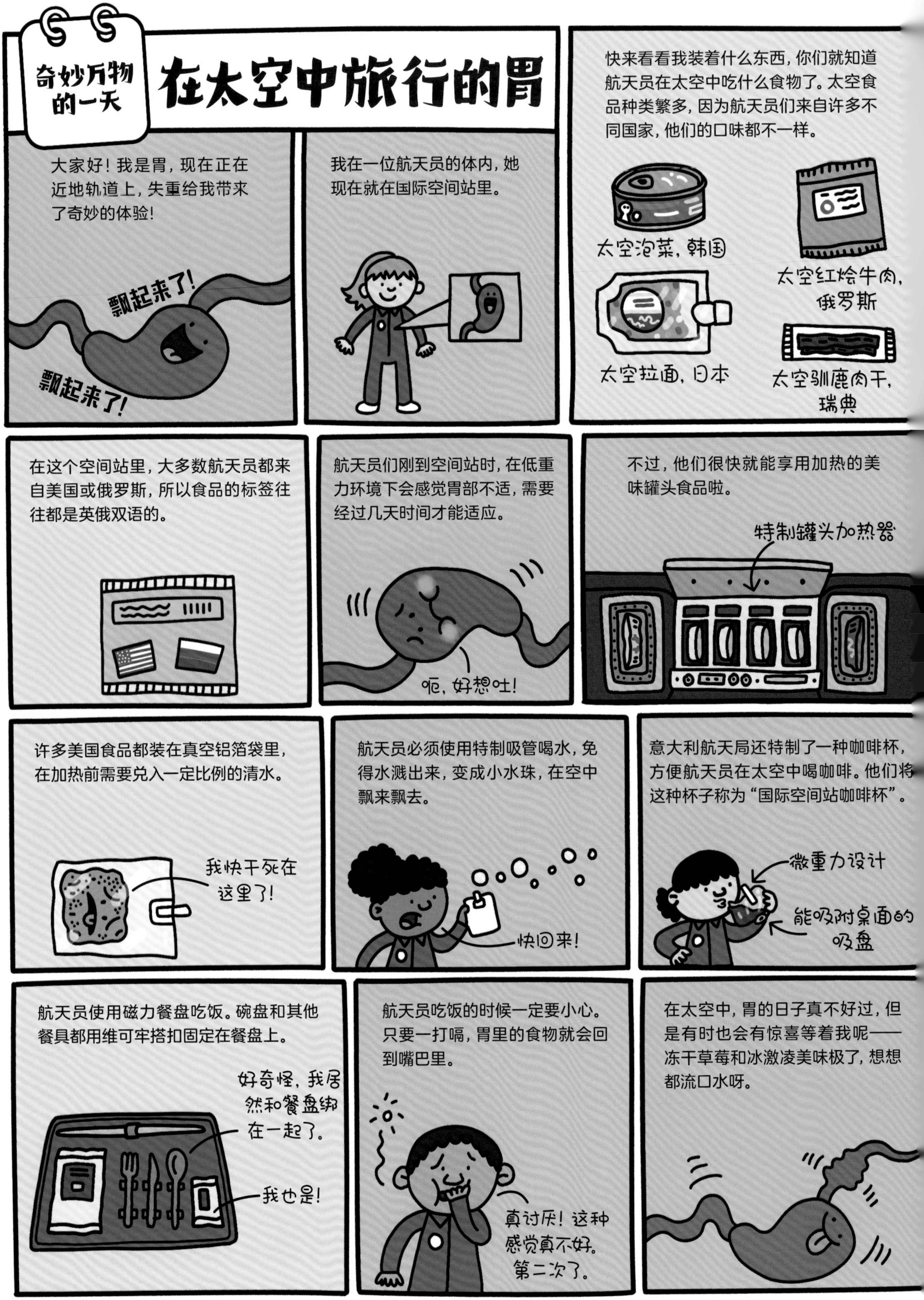
奇妙万物的一天
在太空中旅行的胃
大家好！我是胃，现在正在近地轨道上，失重给我带来了奇妙的体验！
飘起来了！
飘起来了！
我在一位航天员的体内，她现在就在国际空间站里。
快来看看我装着什么东西，你们就知道航天员在太空中吃什么食物了。太空食品种类繁多，因为航天员们来自许多不同国家，他们的口味都不一样。
太空泡菜，韩国
太空红烩牛肉，俄罗斯
太空拉面，日本
太空驯鹿肉干，瑞典
在这个空间站里，大多数航天员都来自美国或俄罗斯，所以食品的标签往往都是英俄双语的。
航天员们刚到空间站时，在低重力环境下会感觉胃部不适，需要经过几天时间才能适应。
呃，好想吐！
不过，他们很快就能享用加热的美味罐头食品啦。
特制罐头加热器
许多美国食品都装在真空铝箔袋里，在加热前需要兑入一定比例的清水。
我快干死在这里了！
航天员必须使用特制吸管喝水，免得水溅出来，变成小水珠，在空中飘来飘去。
快回来！
意大利航天局还特制了一种咖啡杯，方便航天员在太空中喝咖啡。他们将这种杯子称为“国际空间站咖啡杯”。
微重力设计
能吸附桌面的吸盘
航天员使用磁力餐盘吃饭。碗盘和其他餐具都用维可牢搭扣固定在餐盘上。
好奇怪，我居然和餐盘绑在一起了。
我也是！
航天员吃饭的时候一定要小心。只要一打嗝，胃里的食物就会回到嘴巴里。
真讨厌！这种感觉真不好。第二次了。
在太空中，胃的日子真不好过，但是有时也会有惊喜等着我呢——冻干草莓和冰激凌美味极了，想想都流口水呀。

拓展知识

太空真魔幻

人类并不是太空的原住民，他们在地球大气层和地球重力的保护下才能生存下来。下面我们一起来了解航天员进入太空后可能面临哪些健康威胁，而火星任务又会给他们带来什么损伤。

感觉自己萎缩了

失去了地球重力的保护，骨骼和肌肉就会很快萎缩。因此，国际空间站的工作人员每天都必须要锻炼。

变“胖”了

在地球上，心脏的正常跳动克服了地球重力的影响，因此血液能够回流到头部去。航天员进入太空后，生活在微重力环境中，但是心脏仍在用力搏动，所以血液以及其他体液涌入脸部，使得他们的脸浮肿起来。

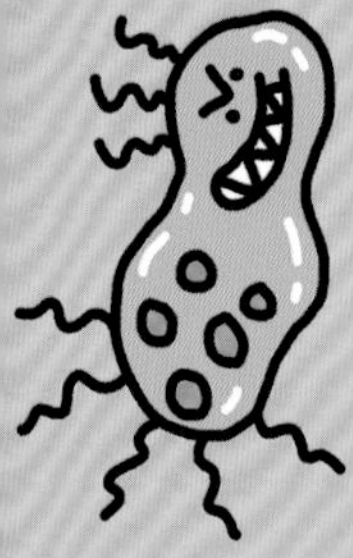

掐断感染源

在太空中，细菌和其他微生物的传染性变得更强。各种设备的表面都必须涂上特殊的化学物质，免得它们疯狂滋生。

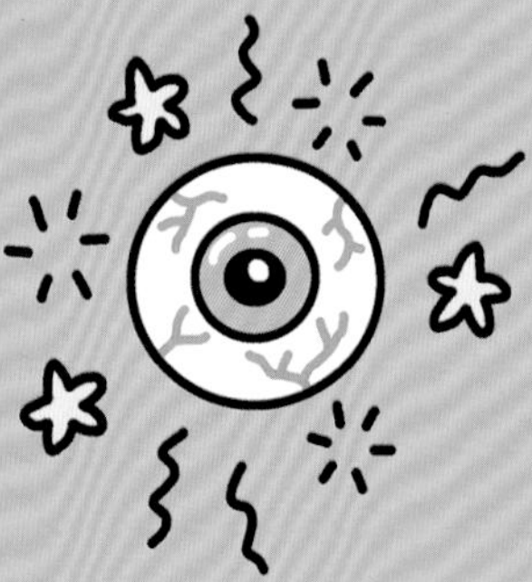

眼花了吗?

失重会改变眼球的形状，导致视力模糊。另外，宇宙射线释放出有害粒子，对眼睛造成伤害，让人产生眼花了的感觉。

失去味觉

由于体液涌入了头部（就像得了重感冒一样），许多航天员发现自己最喜欢的食物也不香了。为了刺激自己的味觉，他们选择吃更辣的食物。

好难吃!

连哭都哭不出来了

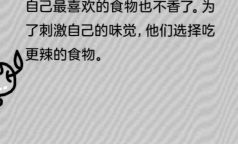

听到这么多风险，你也许感到很沮丧吧。可是我还有一个坏消息要告诉你：在太空中，你想哭都很难，因为泪水是不能从你的眼睛里滚落下来的。呜呜!

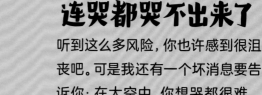

拓展知识

人类航天史上有许多奇闻趣事。下面你将看到一些有趣的事件。

尿出好运来

1961年，苏联航天员尤里·加加林成为第一个进入太空的人。在升空之前，他对着发射台的摆渡车后轮撒了一泡尿。从此以后，其他苏联航天员们在出发前都要如法炮制，想要得到像他一样的好运气。至于那些女航天员，她们会提前准备一杯尿液，泼在汽车轮胎上。

最伟大的一泡尿

1969年，阿波罗11号航天员巴兹·奥尔德林成为第二个登上月球的人，他也是第一个在月球上撒尿的人。由于航天服发生故障，在他探索月球表面的过程中，他的尿液流进一只靴子中。

登月好爸爸

阿波罗17号航天员尤金·塞尔南是最后一个在月球上行走的人。1972年，他在月球松软的尘埃中写下他女儿特蕾西的名字首字母缩写（“TDC”），时至今日这个名字还留在月球表面。

TDC

太空奇事

太空中的马拉松比赛

2007年，印度裔美国航天员苏尼塔·威廉姆斯成为第一个在太空中跑马拉松的人。她登记参加当年的波士顿马拉松比赛，并在国际空间站的跑步机上跑完了全程。

太空中的即兴演奏

2013年5月，加拿大航天员克里斯·哈德菲尔德在国际空间站上深情演绎了大卫·鲍伊的经典歌曲《太空怪人》。他的表演视频传上网络后，立即引起轰动，点击率超过5 000万次。

老当益壮的太空旅行者

时年90岁的加拿大演员威廉·夏特纳成为进入太空最年长的人。2021年10月13日，他乘坐蓝色起源太空公司的宇宙飞船，在轨道上停留了10分钟。夏特纳曾在美国电视剧《星际迷航》中扮演詹姆斯·T. 柯克一角，是家喻户晓的明星人物。

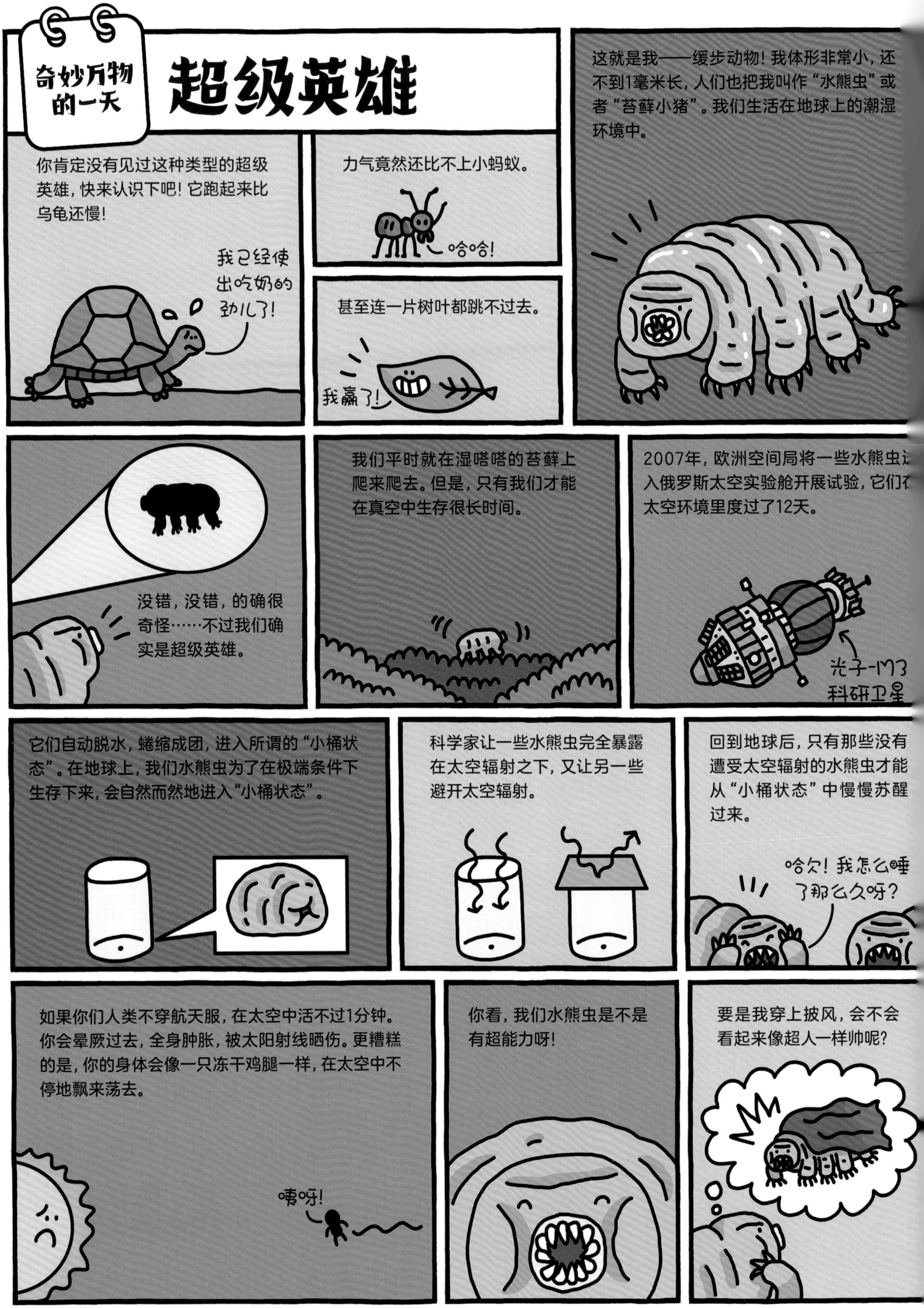

奇妙万物的一天
超级英雄
你肯定没有见过这种类型的超级英雄，快来认识下吧！它跑起来比乌龟还慢！
我已经使出吃奶的劲儿了！
力气竟然还比不上小蚂蚁。
哈哈！
甚至连一片树叶都跳不过去。
我赢了！
这就是我——缓步动物！我体形非常小，还不到1毫米长，人们也把我叫作“水熊虫”或者“苔藓小猪”。我们生活在地球上的潮湿环境中。
没错，没错，的确很奇怪……不过我们确实是超级英雄。
我们平时就在湿嗒嗒的苔藓上爬来爬去。但是，只有我们才能在真空中生存很长时间。
2007年，欧洲空间局将一些水熊虫
入俄罗斯太空实验舱开展试验，它们
太空环境里度过了12天。
光子-M3
科研卫星
它们自动脱水，蜷缩成团，进入所谓的“小桶状态”。在地球上，我们水熊虫为了在极端条件下生存下来，会自然而然地进入“小桶状态”。
科学家让一些水熊虫完全暴露在太空辐射之下，又让另一些避开太空辐射。
回到地球后，只有那些没有遭受太空辐射的水熊虫才能从“小桶状态”中慢慢苏醒过来。
哈欠！我怎么睡了那么久呀？
如果你们人类不穿航天服，在太空中活不过1分钟。你会晕厥过去，全身肿胀，被太阳射线晒伤。更糟糕的是，你的身体会像一只冻干鸡腿一样，在太空中不停地飘来荡去。
唛呀！
你看，我们水熊虫是不是有超能力呀！
要是我穿上披风，会不会看起来像超人一样帅呢？

拓展知识

舱外航天服

航天员离开航天器时，必须穿上特殊的防护服。这种衣服很重，很不好穿上，但它能为航天员提供氧气，保护他们免受极端温度和辐射的伤害。美国航天局的舱外航天服（EMU）40多年来基本没有改动——穿上它需要花费45分钟！

生命支持系统

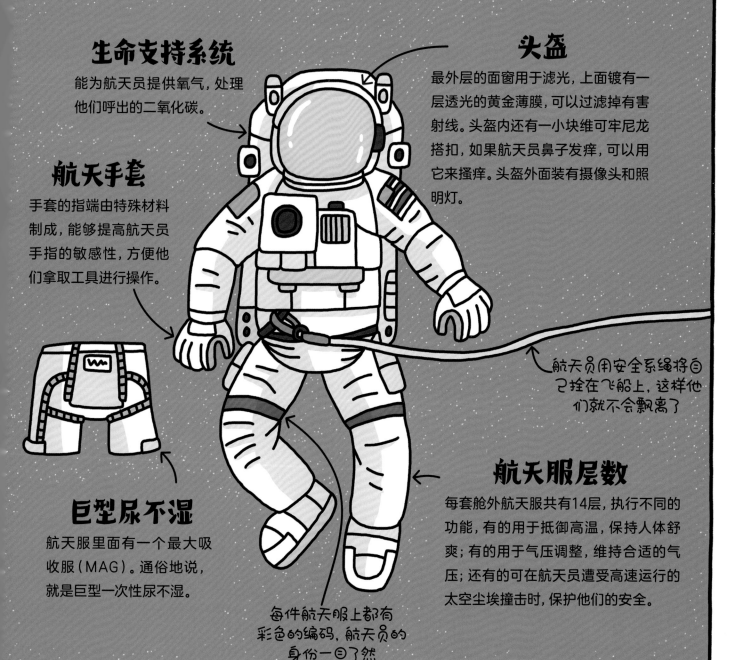

能为航天员提供氧气，处理他们呼出的二氧化碳。

头盔

最外层的面窗用于滤光，上面镀有一层透光的黄金薄膜，可以过滤掉有害射线。头盔内还有一小块维可牢尼龙搭扣，如果航天员鼻子发痒，可以用它来搔痒。头盔外面装有摄像头和照明灯。

航天手套

手套的指端由特殊材料制成，能够提高航天员手指的敏感性，方便他们拿取工具进行操作。

航天员用安全系绳将自己拴在飞船上，这样他们就不会飘离了
每件航天服上都有彩色的编码，航天员的身份一目了然

巨型尿不湿

航天服里面有一个最大吸收服（MAG）。通俗地说，就是巨型一次性尿不湿。

航天服层数

每套舱外航天服共有14层，执行不同的功能，有的用于抵御高温，保持人体舒爽；有的用于气压调整，维持合适的气压；还有的可在航天员遭受高速运行的太空尘埃撞击时，保护他们的安全。

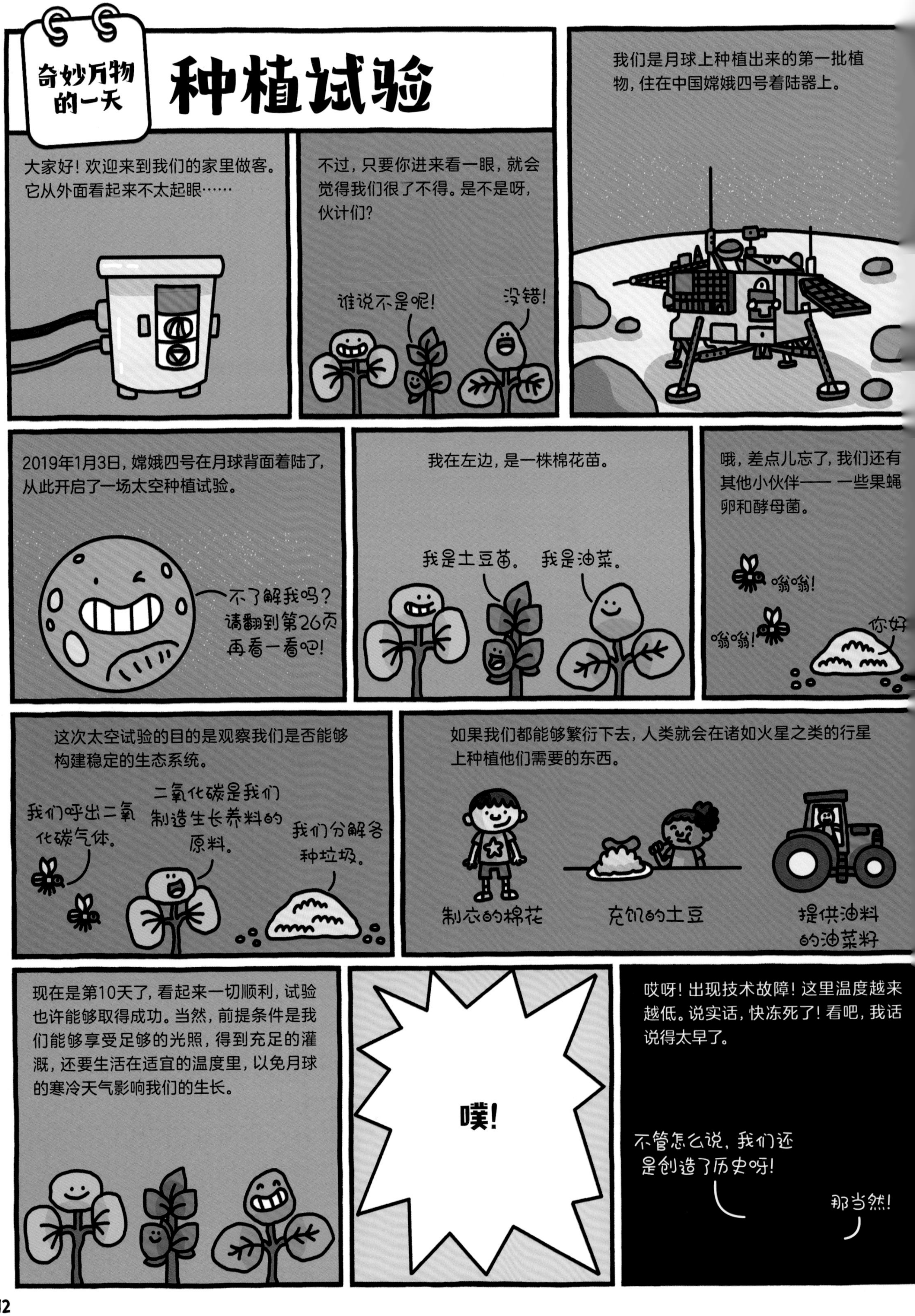
奇妙万物的一天
种植试验
大家好！欢迎来到我们的家里做客。它从外面看起来不太起眼……
不过，只要你进来看一眼，就会觉得我们很了不得。是不是呀，伙计们？
谁说不是呢！
没错！
我们是月球上种植出来的第一批植物，住在中国嫦娥四号着陆器上。
2019年1月3日，嫦娥四号在月球背面着陆了，从此开启了一场太空种植试验。
不了解我吗？请翻到第26页再看一看吧！
我在左边，是一株棉花苗。
我是土豆苗。
我是油菜。
哦，差点儿忘了，我们还有其他小伙伴——一些果蝇卵和酵母菌。
嗡嗡！
嗡嗡！
你好
这次太空试验的目的是观察我们是否能够构建稳定的生态系统。
我们呼出二氧化碳气体。
二氧化碳是我们制造生长养料的原料。
我们分解各种垃圾。
如果我们都能够繁衍下去，人类就会在诸如火星之类的行星上种植他们需要的东西。
制衣的棉花
充饥的土豆
提供油料的油菜籽
现在是第10天了，看起来一切顺利，试验也许能够取得成功。当然，前提条件是我们能够享受足够的光照，得到充足的灌溉，还要生活在适宜的温度里，以免月球的寒冷天气影响我们的生长。
噗！
哎呀！出现技术故障！这里温度越来越低。说实话，快冻死了！看吧，我话说得太早了。
不管怎么说，我们还是创造了历史呀！
那当然！

拓展知识

世界各地的发射场

当今时代，世界各国都在筹划自己的太空探索工作。它们的发射场往往位于偏远地区或近海区域，这是因为发射大型火箭非常危险，火箭内装满了燃料，一旦发生爆炸，可能造成巨大的破坏。下面是一些重要的各国发射场地点。

1. 1957年，苏联在拜科努尔发射场发射了斯普特尼克1号人造地球卫星，正式拉开了美苏太空竞赛的序幕。

2. 1961年，第一位美国航天员艾伦·谢泼德乘坐宇宙飞船，从佛罗里达州的卡纳维拉尔角升空。

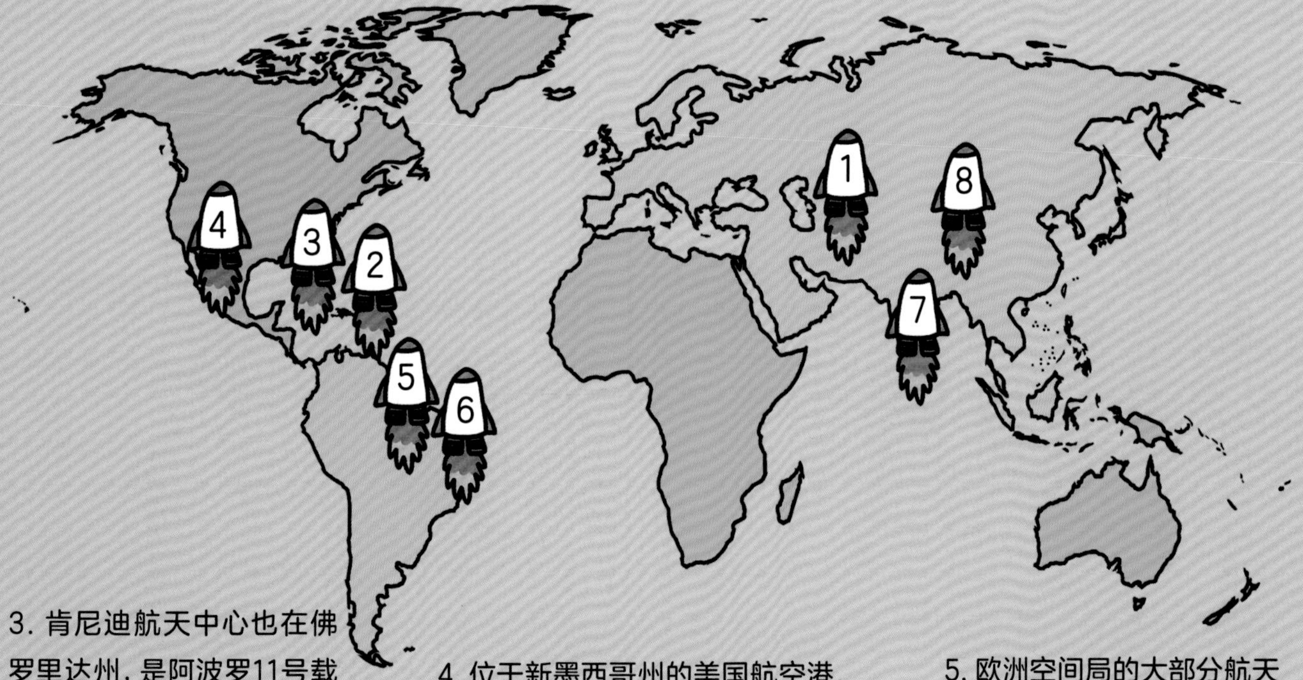

1
8
4
3
2
7
5
6

3. 肯尼迪航天中心也在佛罗里达州，是阿波罗11号载人飞船的发射地。1969年，阿波罗11号载人飞船首次将航天员送到月球上。

4. 位于新墨西哥州的美国航空港，将成为发送太空游客的交通枢纽站。太空旅客们将搭乘维珍银河公司的航天器进入太空旅行。

5. 欧洲空间局的大部分航天器都是在法属圭亚那太空中心发射升空的。

6. 阿尔坎塔拉发射中心是巴西航天局的发射场。

7. 印度空间研究组织在孟加拉湾的斯里哈里科塔发射场上将卫星发射升空。

8. 中国的主要发射场是位于甘肃酒泉东北的酒泉卫星发射中心。

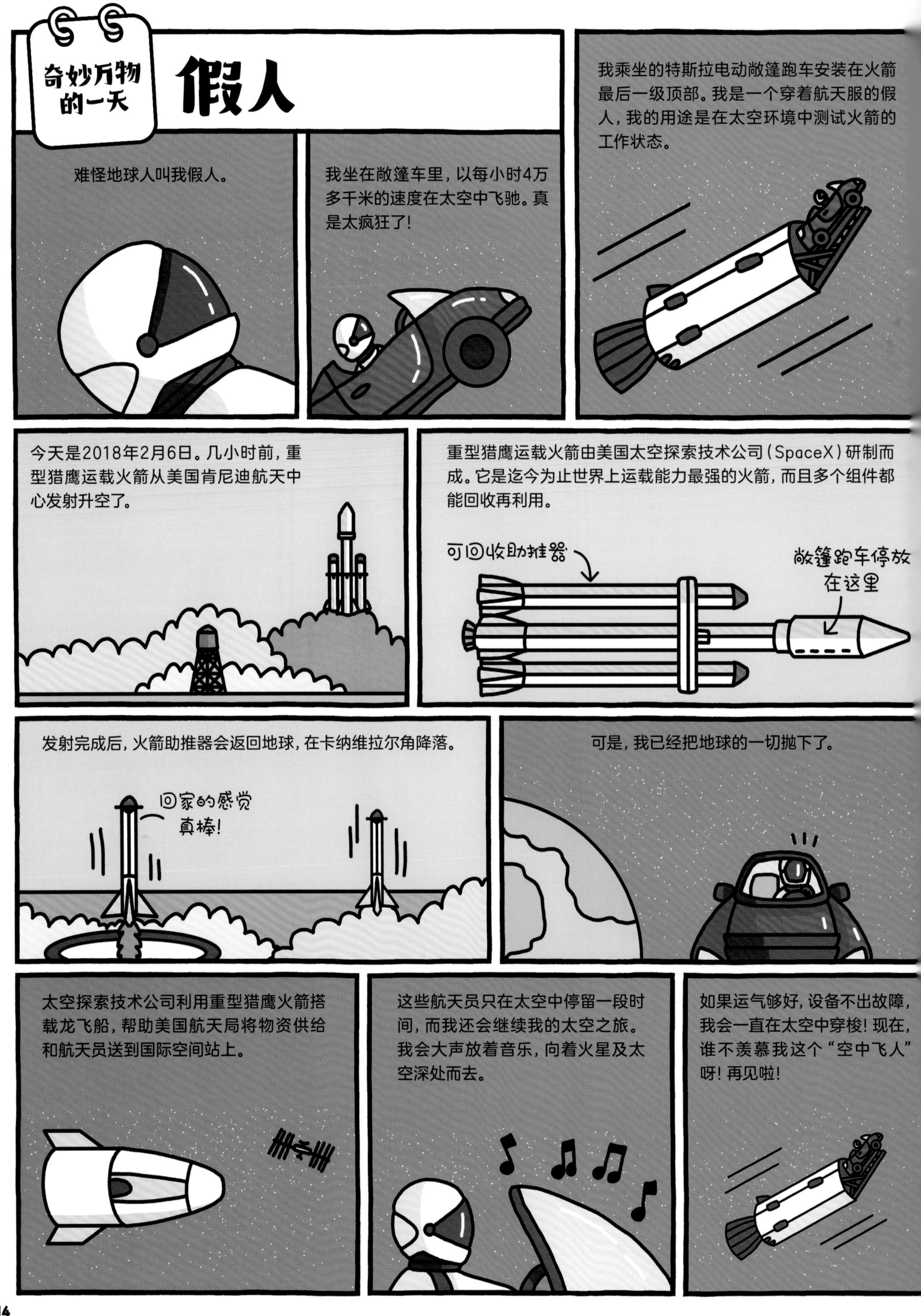
奇妙万物的一天
假人
我乘坐的特斯拉电动敞篷跑车安装在火箭最后一级顶部。我是一个穿着航天服的假人，我的用途是在太空环境中测试火箭的工作状态。
难怪地球人叫我假人。
我坐在敞篷车里，以每小时4万多千米的速度在太空中飞驰。真是太疯狂了！
今天是2018年2月6日。几小时前，重型猎鹰运载火箭从美国肯尼迪航天中心发射升空了。
重型猎鹰运载火箭由美国太空探索技术公司（SpaceX）研制而成。它是迄今为止世界上运载能力最强的火箭，而且多个组件都能回收再利用。
可回收助推器
敞篷跑车停放在这里
发射完成后，火箭助推器会返回地球，在卡纳维拉尔角降落。
回家的感觉真棒！
可是，我已经把地球的一切抛下了。
太空探索技术公司利用重型猎鹰火箭搭载龙飞船，帮助美国航天局将物资供给和航天员送到国际空间站上。
这些航天员只在太空中停留一段时间，而我还会继续我的太空之旅。我会大声放着音乐，向着火星及太空深处而去。
如果运气够好，设备不出故障，我会一直在太空中穿梭！现在，谁不羡慕我这个“空中飞人”呀！再见啦！

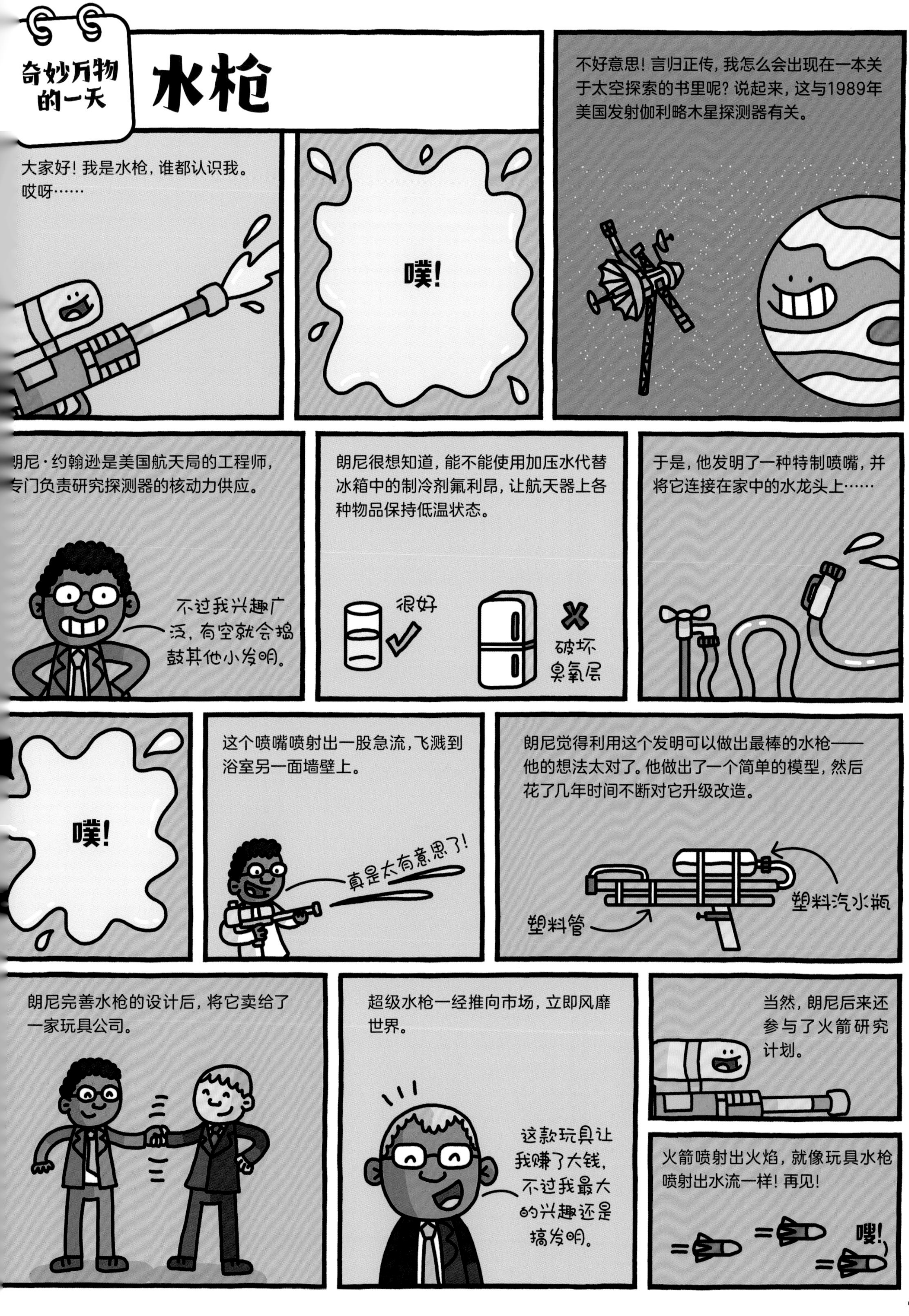
奇妙万物的一天
水枪
大家好！我是水枪，谁都认识我。哎呀……
噗！
不好意思！言归正传，我怎么会出现在一本关于太空探索的书里呢？说起来，这与1989年美国发射伽利略木星探测器有关。
朗尼·约翰逊是美国航天局的工程师，专门负责研究探测器的核动力供应。
不过我兴趣广泛，有空就会捣鼓其他小发明。
朗尼很想知道，能不能使用加压水代替冰箱中的制冷剂氟利昂，让航天器上各种物品保持低温状态。
很好
破坏臭氧层
于是，他发明了一种特制喷嘴，并将它连接在家中的水龙头上……
噗！
这个喷嘴喷射出一股急流，飞溅到浴室另一面墙壁上。
真是太有意思了！
朗尼觉得利用这个发明可以做出最棒的水枪——他的想法太对了。他做出了一个简单的模型，然后花了几年时间不断对它升级改造。
塑料汽水瓶
塑料管
朗尼完善水枪的设计后，将它卖给了一家玩具公司。
超级水枪一经推向市场，立即风靡世界。
这款玩具让我赚了大钱，不过我最大的兴趣还是搞发明。
当然，朗尼后来还参与了火箭研究计划。
火箭喷射出火焰，就像玩具水枪喷射出水流一样！再见！
嗖！

拓展知识

太空探索的衍生品

虽然人类探索太空仅有短短几十年，但已经为地球上的人们带来了许多好处。你可能会惊讶地发现，生活中一些重要的发明竟然来源于太空技术。

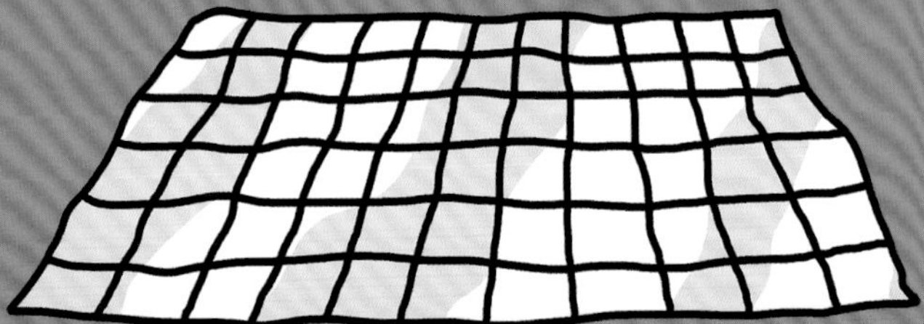

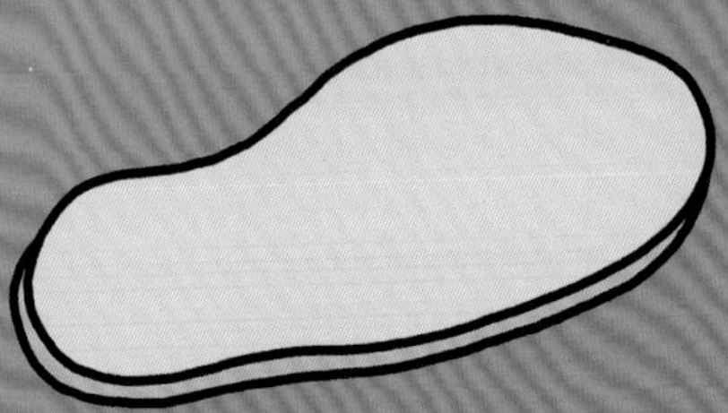

救生毯

许多徒步旅行者都会随身携带救生毯。一旦出现紧急情况，他们可以把它披在身上保持体温。这种救生毯是一种非常薄的塑料膜，表面有金属涂层，它又被称为“太空毯”，最初是为了保护航天器免受太阳射线的照射。

防臭鞋垫

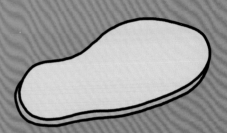

航天员的鞋垫中嵌入了特殊布料，这样他们就不会因为脚部出汗捂出臭味了。这项发明造福了那些在空间站上生活工作的航天员，他们终于不用闻臭脚丫子的味道了。

随心拍

20世纪90年代，科学家曾研制出微型摄像头，供航天员在太空中使用。后来，这一设计应用到了手机相机上。

无线设备

为了让航天员不再与繁杂的电线与电缆纠缠不清，有人灵机一动，想出个好办法，于是设计出了无线头戴式耳机。

气垫鞋

气垫球鞋应用了鞋底缓冲系统，给用户带来了舒适的体验。而这种系统的设计灵感源自航天服设计研究。

高科技裤子

许多赛车手都穿着高科技裤子，这些裤子的面料本来是为航天员设计的，目的是让他们在太空中也能感到舒适和惬意。

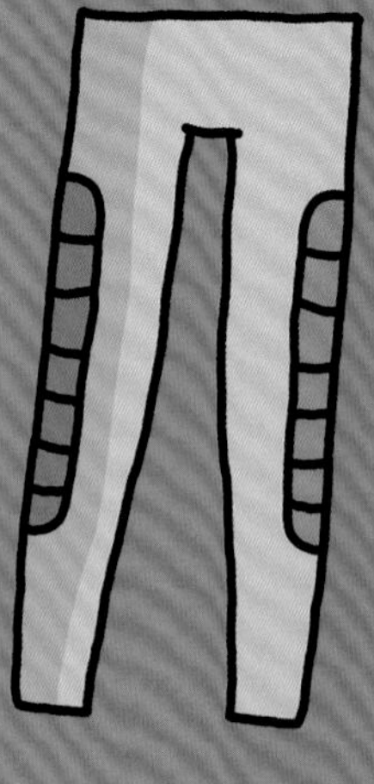

拓展知识

美好的愿景

人类上次登陆月球还是1972年。现在，美国与其他几个国家的航天机构开展合作，计划在2030年之前将第一位女航天员和第一位有色人种航天员送上月球。阿耳忒弥斯登月计划将启用新一代巨型登月火箭太空发射系统（SLS），将航天员们送上月球，并期待有朝一日能够登陆火星！

太空发射系统

第一代登月火箭太空发射系统将会有98米高，超过了美国自由女神像的高度。新一代太空发射系统将会更庞大。

星舰月球着陆器

太空探索开发公司正在开发一种新的登月飞船，被称为“星舰月球着陆器（HLS）”。

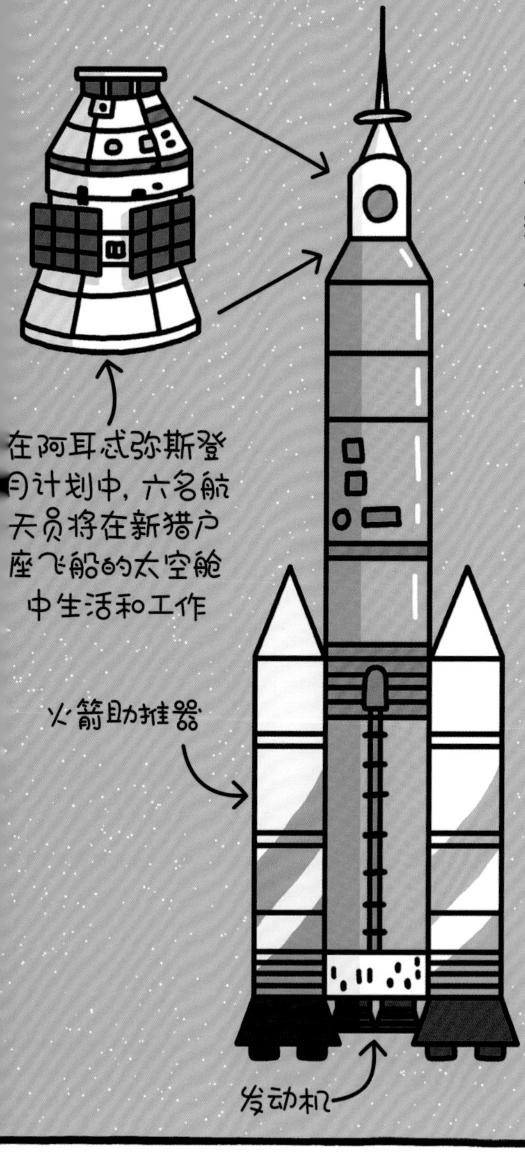
在阿耳忒弥斯登月计划中，六名航天员将在新猎户座飞船的太空舱中生活和工作
火箭助推器
发动机

月球门户空间站

月球门户空间站是一个绕月飞行的小型空间站，目前正在筹备当中。该空间站投入使用后，能让更多的航天员前往月球表面探索。

更合适的航天服

新一代航天服分为舱内航天服（下图左）和舱外航天服（下图右）。这一次，航天服的设计还同时考虑到了男女航天员的不同需求。

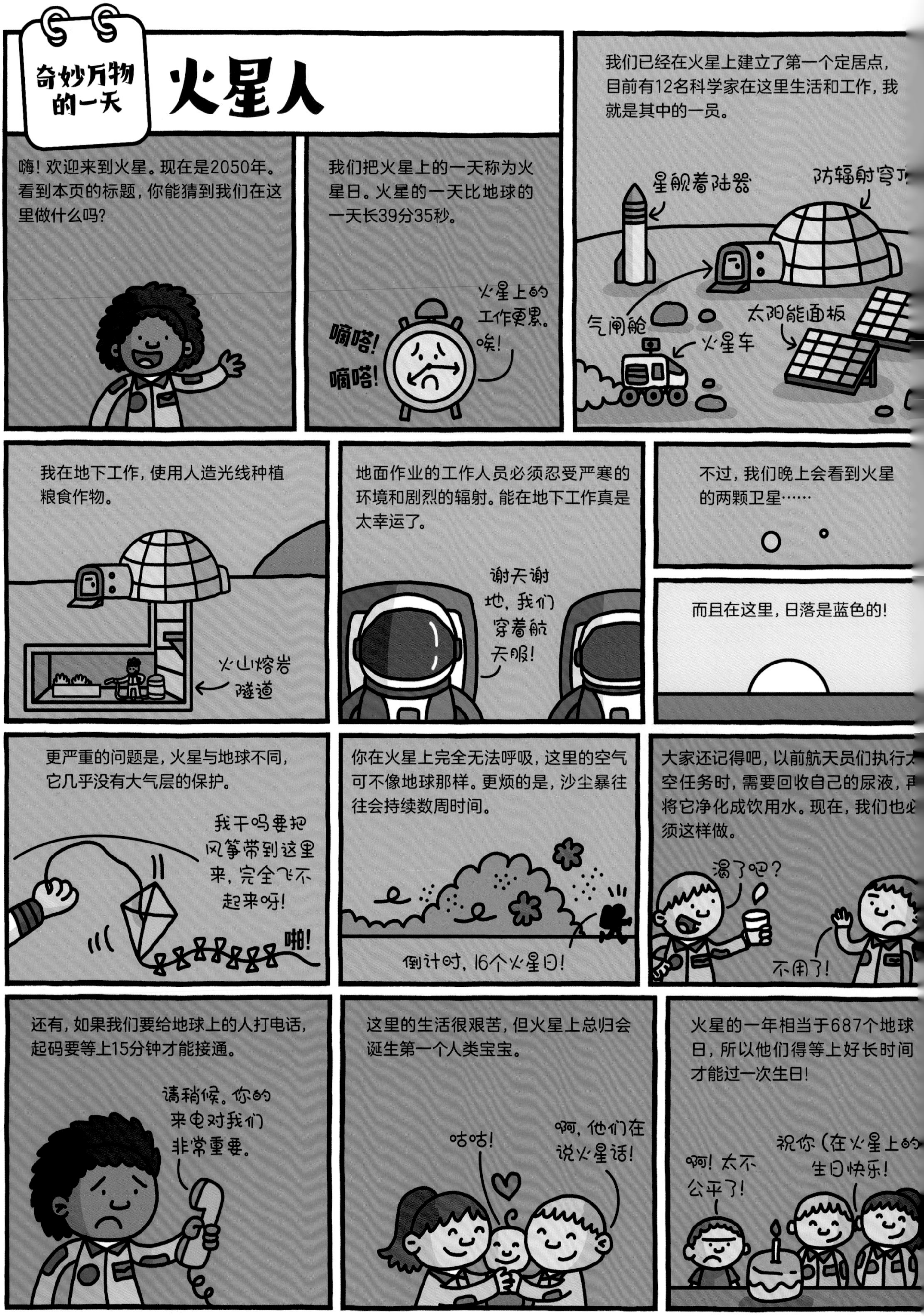

奇妙万物的一天
火星人
嗨！欢迎来到火星。现在是2050年。看到本页的标题，你能猜到我们在这里做什么吗？
我们把火星上的一天称为火星日。火星的一天比地球的一天长39分35秒。
嘀嗒！
嘀嗒！
火星上的工作更累。唉！
我们已经在火星上建立了第一个定居点，目前有12名科学家在这里生活和工作，我就是其中的一员。
星舰着陆器
防辐射穹顶
气闸舱
火星车
太阳能面板
我在地下工作，使用人造光线种植粮食作物。
火山熔岩隧道
地面作业的工作人员必须忍受严寒的环境和剧烈的辐射。能在地下工作真是太幸运了。
谢天谢地，我们穿着航天服！
不过，我们晚上会看到火星的两颗卫星……
而且在这里，日落是蓝色的！
更严重的问题是，火星与地球不同，它几乎没有大气层的保护。
我干吗要把风筝带到这里来，完全飞不起来呀！
啪！
你在火星上完全无法呼吸，这里的空气可不像地球那样。更烦的是，沙尘暴往往会持续数周时间。
倒计时，16个火星日！
大家还记得吧，以前航天员们执行太空任务时，需要回收自己的尿液，再将它净化成饮用水。现在，我们也必须这样做。
渴了吧？
不用了！
还有，如果我们要给地球上的人打电话，起码要等上15分钟才能接通。
请稍候。你的来电对我们非常重要。
这里的生活很艰苦，但火星上总归会诞生第一个人类宝宝。
咕咕！
啊，他们在说火星话！
火星的一年相当于687个地球日，所以他们得等上好长时间才能过一次生日！
啊！太不公平了！
祝你（在火星上的）生日快乐！

奇妙万物的一天

梦想

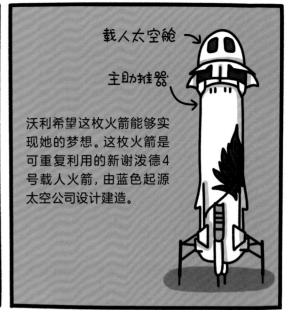

嗨！我是太空旅行的梦想。
82岁的美国老太太玛丽·华莱士·芬克梦想有一天能去太空旅行。
请叫我“沃利”，大家都这么叫我。
载人太空舱
主助推器
沃利希望这枚火箭能够实现她的梦想。这枚火箭是可重复利用的新谢泼德4号载人火箭，由蓝色起源太空公司设计建造。
沃利年轻时是一名飞行教练，从那时起她就一直梦想着有一天能够探索太空。
20世纪60年代早期，她与其他12名女性接受了测试，结果显示她们身体素质突出，符合航天员受训条件。
他们叫我们“水星13女杰”。
可是，美国航天局当时不考虑招募女性航天员。
梦碎了！
沃利还在继续飞行。在20世纪70年代末，她再次递交申请，想要成为航天飞机的驾驶员……可惜又一次惨遭拒绝。
梦想再次破灭！
时间来到了2021年，沃利已经82岁了。有一天，她突然收到蓝色起源太空公司的邀请，让她与该公司老板及亚马逊创始人杰夫·贝佐斯一道，参与新谢泼德4号载人火箭首飞活动。
1.火箭发射升空
2.太空舱分离
3.助推器返回地球
4.太空舱在太空中飞行
5.太空舱展开降落伞，返回地球降落
2021年7月20日，新谢泼德4号火箭正式发射升空。除了沃利之外，同行旅客还有杰夫·贝佐斯、他的弟弟马克·贝佐斯以及18岁的荷兰少年奥利弗·戴曼。那么沃利的梦想究竟实现了吗？
沃利
杰夫
马克
奥利弗
她的梦想成真啦！太空舱飞越了距地球100千米的卡门线，进入了太空中。
哇哦，我做到了！
当时，沃利是在太空飞行的最年长的人。
我是最年轻的太空旅客！
现在，我的任务结束了！再见咯！
嗖！

拓展知识

不可思议事件簿！

到现在为止，地球仍然是太空中唯一有生命存在的星球。尽管如此，许多人一直坚信地外文明一定存在，而且他们甚至可能已经到访过地球了。一些UFO目击事件已被证明是骗局，但还有一些仍是难解之谜。以下就是一些著名的“外星生物接触事件”。

飞碟目击事件

1947年，飞行员肯尼思·阿诺德声称他看到9个银色的不明物体在美国华盛顿州上空飞行。当时的报纸把这些不明飞行物称为“飞碟”，激发了全世界人民对UFO的强烈兴趣，时至今日这种热潮仍未消退。

也许是灯罩吧

UFO骗局

20世纪50年代，波兰裔美国人乔治·亚当斯基宣称拍摄到一张UFO照片。这张照片在当时有多出名，现在就有多臭名昭著，因为后来有人发现是亚当斯基伪造的这张照片。

哇哦！

神秘信号之谜

1977年，俄亥俄州立大学的一台射电望远镜发现了来自人马座的强烈信号。当时，一位天文学家惊叹莫名，就在这个光点旁边写下了“WOW（哇哦）！”。这次事件至今仍是未解之谜。

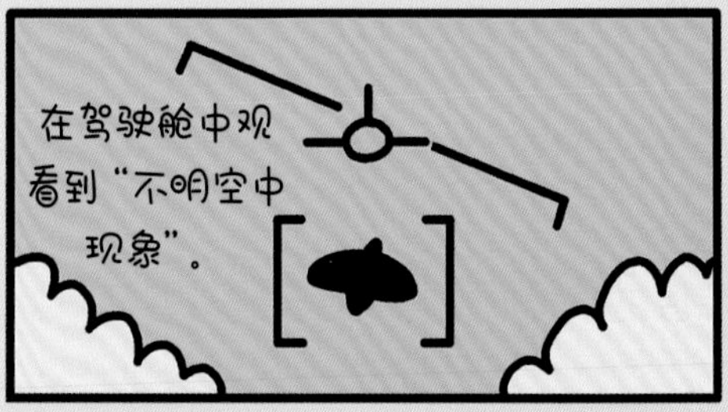
在驾驶舱中观看到“不明空中现象”。

空中现象观测记录

2021年，美国空军承认他们的飞行员报告了140多起UFO目击事件，对此他们没有做出任何解释。他们更愿意将之称为“UAP（不明空中现象）”。

词语表

每天都有很多事情发生，每天我们也要学习很多新词。这个词语表列出了你在阅读过程中可能会遇到的难词，并做了简要解释。

臭氧
无色气体，有特殊臭味。地球表面上空有臭氧层，能够帮助地球挡住太阳有害射线的直射。

等离子体
既不属于固体、液体，也不属于气体的物质状态。热等离子体存在于太阳和大多数其他恒星内部。

地外文明
地球之外发生或存在的任何事物。地外文明是外星生物的另一种称呼。

蛾眉月
新月前后的月相，从地球上看月面形如弯曲蛾眉，有上下蛾眉月之分。

辐射
辐射性物质的微小粒子向各个方向传播的过程。暴露在辐射中对人类、动物和其他形式的生命非常危险。

光年
一光年等于光在真空中一年内传播的距离，约等于9.5万亿千米。

光子
粒子的一种。

轨道
天体在太空中绕着行星、卫星或恒星运动的路径。

国际空间站（ISS）
1998年以来一直绕地运行的轨道空间站，在国际空间站工作的航天员来自世界多国。

航天员
经过训练，能够驾驶航天器在地球大气层外飞行的人员。

核反应堆
产生核能的装置。

彗星
围绕太阳运行的一种天体，由冰物质、岩石和尘埃组成。彗星拖着长长的彗尾，长度可以达到数千万千米。

极光
大气中产生的彩色发光现象，由高层大气的气体分子和原子与恒星（如太阳）释放出来的高能带电粒子流碰撞形成。

酵母菌
一种真菌，人们常用它来发酵面包。

柯伊伯带
位于海王星轨道外，以冰雪为主要成分的小型天体环带。

可见光
人眼可以看到的光。彩虹的七色光就是可见光。还有一些颜色的光（如紫外线）是肉眼无法看到的。

亏月
满月和新月之间的月相。从地球上看，这一阶段的月面明亮部分日渐减宽。

流星
碎小物体（流星体）闯入地球大气层时，与大气摩擦、燃烧而产生的光迹。

流星体
从彗星、小行星上脱落后，在太空中运行的小碎粒。

满月
月相的一种，从地球上看，月面在夜空中形如圆盘。

美国航天局
负责太空探索和研究的美国政府航天机构，英文缩写是NASA。

冕
太阳或其他恒星的大气最外层。

欧洲空间局（ESA）
致力于太空探索的欧洲政府间组织，拥有22个成员国。

气闸舱
居于大气压力不同的两个空间之间的舱室。在航天器中，航天员进入气闸舱，关闭身后的门，然后通过前面另一道门到航天器外面去。

三合星
三合星是由三颗恒星组成的恒星系统。三颗恒星相互绕行，其中两颗相互绕行，形成双星系统，而第三颗恒星则在更远的位置绕行。

生态系统
共同生活在一个区域内的所有动植物以及它们之间存在的联系。

双星系统
相伴运行的两颗恒星构成的系统。

苏联
苏联，全称为苏维埃社会主义共和国联盟（USSR），是一个横跨欧洲东部和亚洲北部的国家。1991年，包括俄罗斯在内的15个加盟共和国全部成为独立国家，苏联解体。

太空竞赛
1957—1975年，美国和苏联为了在太空探索中拔得头筹而展开的激烈竞争。

太空探索技术公司
美国航天器和火箭的设计者和制造商，创始人是埃隆·马斯克。

太空行走
又称为“舱外活动（EVA）”，是指航天员离开航天器进入太空进行的各项活动。

探测器
派往太空收集信息并将数据传送回地球的无人航天器。

天极
地球自转轴延长与天球相交的两点称“天极”，所有恒星都围绕它旋转。在北半球，恒星围绕北天极旋转；在南半球，恒星围绕南天极旋转。

天文台
观测和研究太空的固定基地，通常配有天文望远镜。除此之外，天文台还包括发射到太空中的望远镜，如哈勃空间望远镜。

天文学

对太空进行科学研究的学科。

凸月

满月前后的月相，有盈亏凸月之分。从地球上看，月面明亮部分凸起，但还没有达到满月的程度。

微生物

一类非常微小的生物，绝大多数只有透过显微镜才能看到。

卫星

卫星可分为人造卫星和天然卫星。天然卫星是围绕行星运行的天体。月球是地球的天然卫星。人造卫星是一种送入太空收集、发送或交换信息的航天器。

物质

任何客观存在的事物。所有固体、液体和气体都是由物质组成的。

小行星

围绕恒星运行的一种石质小天体。小行星类似于行星，但要小得多，且大小不一。

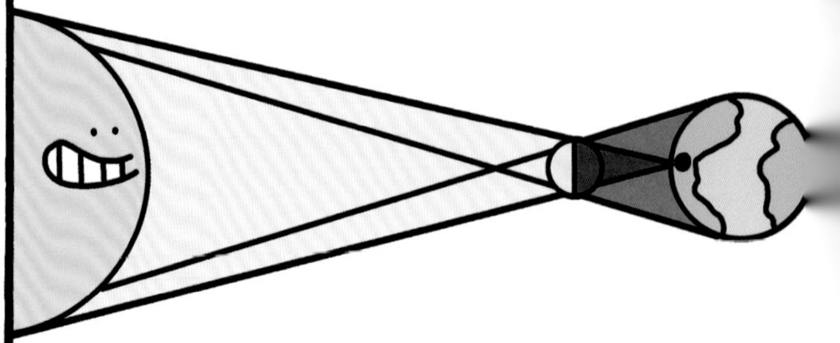

新月

月相的第一个阶段。人们在地面上看不到月面明亮部分。

星际空间

星系内恒星之间的空间。

星系

由恒星和星际物质组成的天体系统。一些星系绵延数百万光年，内有上万亿颗恒星。

星组

由若干颗恒星组成一组，通常是星座的一部分。

星座

把若干颗恒星组成一组，且它们在夜空中能形成某种形状或图案，这一组恒星就称为一个“星座”。

行星

围绕太阳运行的巨大球形天体。

盈月

新月和满月之间的月相。从地球上看，这一阶段的月面明亮部分日渐加宽。

宇宙

整个太空，包括星系、恒星、行星和其他一切。

陨击坑

行星或卫星表面上的坑穴。陨击坑通常是由小行星或彗星高速撞击行星或卫星表面后形成的。月球上的陨击坑非常大，在地球上不用望远镜就能看到。

陨星

流星体落到地球表面上的残骸。

占星术

一种以观察恒星和行星的运行来预言吉凶的方术，缺乏科学依据。它认为天上星辰的运行影响着人类的生活。

真空

没有任何实物粒子的空间。

质量

物体所含物质多少的量。

索引

如想快速翻查有关太空的某些主题，可参照下列页码。

关于作者

迈克·巴菲尔德和杰丝·布拉德利每天都在做什么呢？下面会告诉你哟！

迈克·巴菲尔德是一位作家、漫画家、诗人和表演艺术家，居住在英格兰北约克郡的一个小村庄。每天，他都坐在一大堆乱糟糟的书中间，趴在书桌上写写画画。他希望他创作的东西能让人们开怀大笑。他经常会一边创作，一边一杯接一杯地喝茶。

杰丝·布拉德利是来自英国托尔坎的插画家和漫画艺术家。除了为《凤凰》杂志撰稿并绘制插画外，她的作品还被收录进畅销儿童漫画杂志《比诺》，同时她还为一系列儿童读物绘制插画。在她的一天里，她喜欢在素描本上画画，看恐怖电影，或是在《马力欧赛车》游戏中败在儿子手下。